学习漫画系列丛书

九州出版社
JIUZHOUPRESS

图书在版编目（CIP）数据

冒险岛数学神探.1 / 杜永军著绘. -- 北京：九州出版社，2019.2

ISBN 978-7-5108-7911-1

Ⅰ.①冒… Ⅱ.①杜… Ⅲ.①儿童故事－图画故事－中国－当代 Ⅳ.①I287.8

中国版本图书馆CIP数据核字（2019）第029634号

冒险岛数学神探

作　　者　杜永军　著 绘
出版发行　九州出版社
地　　址　北京市西城区阜外大街甲35号（100037）
发行电话　（010）68992190/3/5/6
网　　址　www.jiuzhoupress.com
电子信箱　jiuzhou@jiuzhoupress.com
印　　刷　北京美图印务有限公司
开　　本　710毫米×960毫米　16开
印　　张　45.5
字　　数　374千字
版　　次　2019年6月第1版
印　　次　2019年6月第1次印刷
书　　号　ISBN 978-7-5108-7911-1
定　　价　149.00元（全五册）

本漫画的主人公叫夏洛克。

夏洛克这个名字，取自历史上最有名的侦探小说《福尔摩斯探案全集》的主人公**夏洛克・福尔摩斯**（Sherlock Holmes）。

这部由英国推理小说家亚瑟・柯南・道尔所写的推理小说，从出版到现在已经过了 100 多年，仍旧被世界各地的人们所喜欢。

以夏洛克对手身份登场的神秘人物宇宙少年罗宾——他的名字也是取自跟福尔摩斯同一个时代出版的莫里斯・勒布朗的人气推理小说《亚森・罗宾探案集》。有趣的是，夏洛克是抓捕犯人的侦探，而罗宾则是个小偷，但和一般的小偷不同，他的外号是“侠盗罗宾”。

本漫画还有一位主人公阿加莎。不同于前面两个人，她的名字来自一位真实的小说家。

英国推理小说家**阿加莎・克里斯蒂**（Agatha Christie，1890 ~ 1976），被誉为推理小说女王。她小说中的“赫尔克里・波洛”，是一名实力不亚于夏洛克・福尔摩斯的名侦探。

好了，现在我们就和这三位主人公一起，开始有趣又刺激的冒险之旅吧！

出场人物

▶**夏洛克**（小学1年级）

性格冲动又特别随性。虽然有着超越常人的大脑，但不易被人看出，甚至给人有些笨拙的感觉。

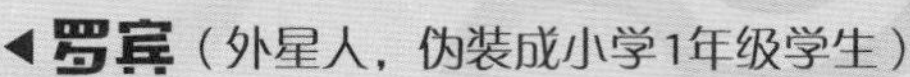

◀**罗宾**（外星人，伪装成小学1年级学生）

行星纳土拉星球贝丽塔斯王国的王子。接受国王的命令，到地球上搜捕宇宙罪犯柯莱梅。

▶**伊瓜因**（外星人）

并不是罗宾的宠物，而是堂堂正正的外星人助理。拥有了不起的超能力，同时也是罗宾忠实的人生导师。

◀**阿加莎**（小学1年级）

不折不扣的女汉子性格，不管什么事情都会挺身而出，不过经常处理得有些过头。

◀ **华生**（小学1年级）

夏洛克的好朋友，沉着冷静，考虑周全。和夏洛克的冲动性格互补。他像夏洛克的影子一样，在夏洛克遇到困难时为他提供建议，给予帮助。

▶ **我最棒**（小学1年级）

跨国公司 SS 集团的继承人，总是一副富家子弟的作派。所以给人的第一印象非常不好。传说，只要和他对话一分钟，就会让人的心情变得糟糕。

▶ **柯莱梅**（外星人）

背叛纳士拉星球的宇宙罪犯。偷走贝丽塔斯王国的宝物《真实之书》后逃走，无人知晓他的能力和身份。

▲ **斯图尔特博士**

阿加莎的爸爸，SS 集团的科学顾问。同时也是喜欢制作一些奇怪的最尖端装置设备的发明家。

目录

1 找规律

寻找太阳帝国的秘密

学习内容 [找规律]

找规律对我们预测未来很重要，而在数学中找规律也是理解中、高等函数基础知识的重要部分。在现实生活中可以找出经常接触的物体的大小、位置、方向、颜色和数量等规律，并创造多种多样的、有创意性的新规律。数学内容的发展过程是按照一定的规律进行的。

甚至有“数学即是规律”这样一句话，说明在数学学习中找规律是非常重要的，并能很大程度地提高解决问题的能力。

1 神秘的转校生，罗宾！

遥远的宇宙中，
纳土拉行星*

站住！
抓住那个
家伙！
哒
哒
哒

*行星：通常指自身不发光，环绕着恒星（例如太阳）的天体。其公转方向常与所绕恒星的自转方向相同。

你现在已经是瓮中之鳖*了！还是乖乖地把书交出来吧！

哼

哼！果然如此吗？

啪啊

嗒

*瓮中之鳖：比喻逃脱不了的人或动物。

嗖啊啊
哈哈哈，来抓我试试啊？
滴汗
这傻瓜一般的……
那么，拜拜啦！
咻咻咻
抓住那个家伙！立刻！

处理得怎么样了?
呃……
拍

臣惶恐，陛下！
让他逃走了！
什么?

呃呃……柯莱梅你
这家伙！我一定要
抓到你！
颤抖
颤抖
出发！
咵啊啊

这是我的一份
小礼物。
使劲儿
??!!
哐当

哒哒哒
陛下，您没事儿吧？
咳……咳……
咳呃呃！柯莱梅！
颤抖
颤抖
过去1年中让王国的秩序陷入混乱的罪大恶极的罪犯柯莱梅……
犯下各种各样的罪行还不够，
居然偷走了王国最珍贵的宝物，维持纳土拉星球秩序的……
《真实之书》而逃走了。

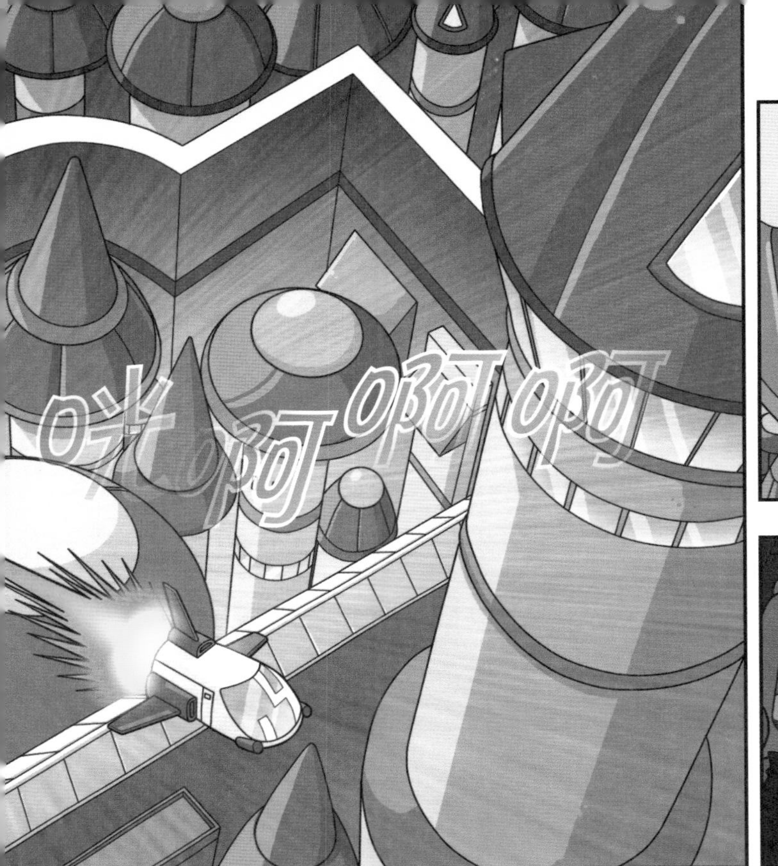
咻啊啊啊

虽然我现在的身份是罪犯、逃亡者……
但我一定会改变由《真实之书》造成的混乱不堪的局面……
苦涩

咕呜呜呜

咳
咳
柯莱梅……不管你逃到哪儿，我一定要找到你！

嘻咦
现在我们手中还剩下一张最厉害的王牌呢……

贝丽塔斯王宫
罗宾，国王急着叫你过去干什么？
这个嘛，我也不知道，只是在整理案件的文件时突然叫我过来呢！
啪嗒
案件的文件？难道是？
没错，就是在整理关于柯莱梅的案件记录文件呢。
啪嗒
但是在恶毒的罪犯的犯罪记录里面，发现了奇怪的地方！
奇怪的地方吗？
这个以后再告诉你。
欢迎您，王子殿下！陛下在里面等着您呢。
马里吉顿陛下，王子殿下到了。
吱吱儿

参见国王陛下！

嗒

罗宾！我要交给你一件艰巨的任务。

您尽管吩咐，但是……

您的眼睛是怎么回事啊？

咚

……

难、难道是柯莱梅那家伙弄的？

《真实之书》不是拥有着支配王国的力量最珍贵的宝物吗？
就是为了击垮我们王国的秩序，毁灭纳土拉星球。
嘟咚
是啊，那是维持我们纳土拉星球的所有秩序与和平的根源性力量！
也可以说，是纳土拉星球的一切。
但是柯莱梅为什么要偷走它呢？
纳、纳土拉星球会毁灭吗？
没有《真实之书》，不仅我们的国家和星球，全宇宙都会陷入极大的混乱之中。
刺啦
啊啊啊！

为了阻止悲剧的发生，一定要找回《真实之书》，然后把柯莱梅关进灵魂监狱里。
是！

所以我才急着叫你过来，你是可以拯救王国的命运，让纳土拉星球的秩序回归原位，最合适的人选——
王国最厉害的侦探罗宾！
？

猛然
请您放心交给我吧，国王陛下！

就算牺牲一切，我也一定会把柯莱梅抓回来的！

果然是王国实力最强最值得信任的人，我替大家感谢你。

真的没关系吗，罗宾？竟然让你去完成这么危险的任务。

我一定会抓到柯莱梅，让《真实之书》完璧归赵！

行礼

不用担心，母后！这都是为了王国！

注意安全啊，罗宾！

哒

罗宾会平安无事吧？

哒

会没事的，这个小子可是我们星球最厉害的名侦探啊！

而且他是继承王室血脉独一无二的家伙啊。

哒 哒

发动主
引擎！
呱啊啊啊
Let’s go！
（出发！）
咻啊
咣嗡
检索一下柯莱梅
最后被目击的地
方，伊瓜因！
嗯，等一下！
唰啊啊
找到了！在地球上
北纬 39.9°，东经
116.3°的一个国家。
很好！先从那里
开始寻找柯莱梅
的踪迹吧！

呜呜呜呜

喂，罗宾……你就不能好好驾驶吗？

呃呃呃……超能力的修炼还不到家。

这个和超能力有什么关系啊！你这个机器盲……

柯莱梅藏在
这里？
再调查一下他最后被
发现的地方，应该能
发现些什么吧？
说的也是，暂且先停
在这里寻找一下柯莱
梅的行踪吧。
咚
在那之前，先
打听一下罗宾要
去的学校吧？
什么？学校？
当然要上学了！
你还只是个 7 岁
的小鬼！
切！
寻找罪犯怎么
上学啊！
说什么呢！你
现在一切都还
很不足！
只要再修炼下超能
力就可以了啊！
啪嗒
啪嗒
比超能力更重要的是
接受正规的教育！
知道了！
知道了！
看看吧！在地球和
你同龄的孩子们上
的是什么学校？

某小学

同学们早上好！又是充满活力的一天！
那么今天也神清气爽地开始上课怎么样……

呼噜
嗯？
呼呼

……

喂，夏洛克！快点儿起来！
嗯？已经下课了吗？

啪啊
还没开始上课呢！
咳呃！
砰

什么东西啊？
贴在我神圣的
脑门上……
硬硬的
有着不祥预感的
物体是？

是我扔的！
啊啊啊！
晕倒

啊啊啊！老师，
脏死了！你这是
在干什么啊？
夏洛克
本漫画的主人公。
但是总觉得不像
是主人公，可怜
巴巴的样子。

华生！快点儿帮
我把这个拿走！
啊啊啊走开！
我可是用了
全力的。
呕呕！

所以说不要在上
课时间睡觉！
老师，快点儿
帮我把这个
拿下来吧！
唉，真是
无聊！
阿加莎
本漫画的另一位
主人公。好奇心
很强，性格积极
外向，梦想成为
世界上最棒的侦
探小说家。

不要吵了，
安静些！

今天要给大家介绍一位转校生——罗宾。
大家鼓掌欢迎他，以后好好相处吧。

嘟

什么啊，那个家伙！那么做作的动作。
咻咻

啊啊啊！班里来了新同学！
啊
啊！

*内向：指人深沉内敛、内心活动不轻易去露出来。

嘶嘶嘶嘶

嗯？刚刚那个家伙的肩膀上好像有什么奇怪的东西？
在哪里？什么也没有啊？

明明有一个像变色龙一样的东西。
哼

坐下
嗯？
什么啊，这个家伙真是没礼貌……

居然这么受欢迎！
……
头

也要把这个家伙放进监视名单里才行！
扶正

叮铃铃叮铃铃
哇啊啊！下课了！
你这个家伙！课上一直在睡觉！

嗯？
啊，是罗宾！

兴奋
啊啊啊！
哼！

嗡嗡嗡

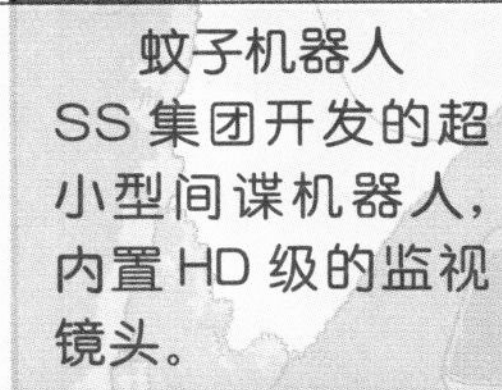
蚊子机器人
SS 集团开发的超小型间谍机器人，内置 HD 级的监视镜头。

停
嗡嗡嗡

哼！阿加莎和罗宾！
你们是无法逃出我的监视网的！

嘎
吱
嘎
吱
罗宾，第一天来上学有什么感想吗？
什么感想？只是觉得不太适应而已。

但是从刚刚开始好像就有人一直跟在我身后呢。
什么？

转
啊？

嗒
嗒
哎哟！被发现了！

为什么跟着我？

那、那个我们都是一个班的，还没有好好打过招呼呢……

我叫阿加莎。以后我们就是同学了……啊，不是，是很好的朋友！
嘻嘻
好朋友？

罗宾，你高兴坏了吧。人气这么高……

嘎吱

嘎吱

哼！好烦人……

走出

嗯？

你、你是……

柯莱梅！
跳起
站住，柯莱梅！
糟糕，事情变得复杂了。
哒哒哒
你这家伙一定会受到正义的审判！
哈哈哈——到底谁才是正义，我们走着瞧吧！
跳跳
罗宾！柯莱梅经过的建筑物附近说不定会留下什么线索！
像超级蚂蚱一样的家伙，呼！
没错！
跑跑
快去看一看吧！

哒 哒 哒
咦？
罗宾，他到底是和谁在讲话？刚刚出现的那个叔叔又是谁？
罗宾果然……
是个非常神秘的人啊！
得跟过去看看！
嗖 嗖
华生，回家一起踢足球吧。
啪嗒
啪嗒
好啊！这次我可不会让着你了。
嗯？
喂喂！阿加莎！
哒 哒 哒 哒
在前面跑的那个家伙是罗宾？
又是那个转校生！
你怎么老和罗宾过不去啊？
我们也跟过去看看！
啪 啪
喂，夏洛克！

原来是
这里。
推
总有一种《真实之书》会在这个仓库里的感觉。

翻找
翻找
仔细找一找！

？

这、这是……
闪光
柯莱梅这家伙！竟然把神圣的《真实之书》撕碎后藏在这种地方，我绝不会放过你的！

嗒
2
5 6
8
10 11 12
16
14
19
23
25
30
28
33 34
36
38 39
44 45
42
47
49

这是什么？难道
是密码表？

这个不是数字
排列表吗？
呃啊！
突然

太专注了，居然
没有注意到她什
么时候进来的。

啊，等一下！

你刚才说这个是数
字排列表？你知道
这个表吗？
拿出

嗯！在数学课
上学过呀。
只要在空格处填上数
字，表格就完成了。

原来如此！那么
请你帮助我完成
这个表格吧！
真的吗？能帮上
忙真是太好了！

停
喂！转校生！

你这个没礼貌
的家伙！
阿加莎又不是
你的保姆！

你才是在干什么
啊？我本来和罗宾
说得好好的！
发怒
呵呃

转身
那就没办法了。只
能去拜托别人了！
啊？

不是的，我来做吧！
不要理那个家伙！
抓紧

你们也快点儿帮
忙解决这个数字
排列表的问题！
可是，
我们为什么要
这么做？

发火
知、知道了。

拿过
2 5 6
8 10 11 12 14
16 19
22 23 25 28
30 33 34
36 38 39 42
44 45 47 49

……?

我不会做！
扔

别说话了，快点儿帮忙！罗宾正在等着呢！
抓住
这么多空格我怎么知道到底要填上什么样的数字啊？

没关系，只要找到数字排列的规律就能解开这道题。
喂！阿加莎，我拜托的人好像是你呢？
就是啊！华生快点儿解开吧！

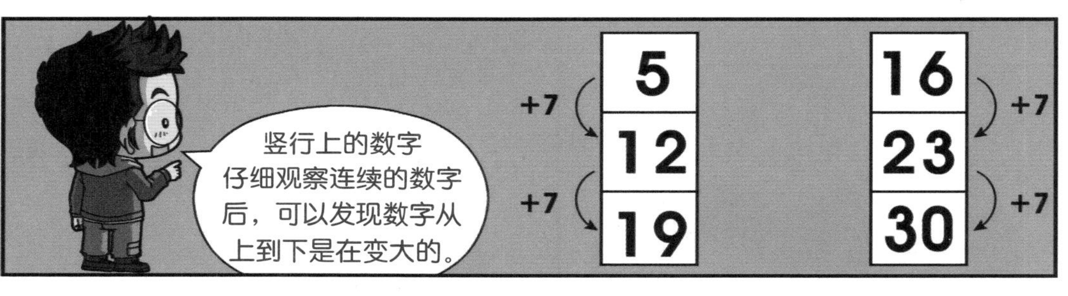

QUIZ **把每一个数字都加上5后数一数。** **答案在40页。**

24 — 29 — ( ) — ( ) — 44 — ( )

展示

利用这个规律就
可以把这些数字
都填进去了。

看，数字排列
表完成了！

1	2	3	4	5	6	7
8	9	10	11	12	13	14
15	16	17	18	19	20	21
22	23	24	25	26	27	28
29	30	31	32	33	34	35
36	37	38	39	40	41	42
43	44	45	46	47	48	49

太棒了！
完成了！
嗯？

朋友们，
快看这个！

是什么？
怎么了？

出现
表上面突然
出现了一个
奇怪的符号。

？

真的呀。
刚才明明还没有的，
这是怎么回事？

啊！
抢

＊荧光颜料：接收到阳光或者紫外线的照射颜色会变的一种颜料。

出现

啊？那个不是
在数字排列表上
面的图案吗！

不只是在墙面上，
看一看地面吧。

挪
反射到地面上一定的
瓷砖范围内好像也是
排列表的样子。

啊！那个
是什么？

按照这个数字排列表，
找到红色 X 标识的数字
18 对应的瓷砖……
给我
抢

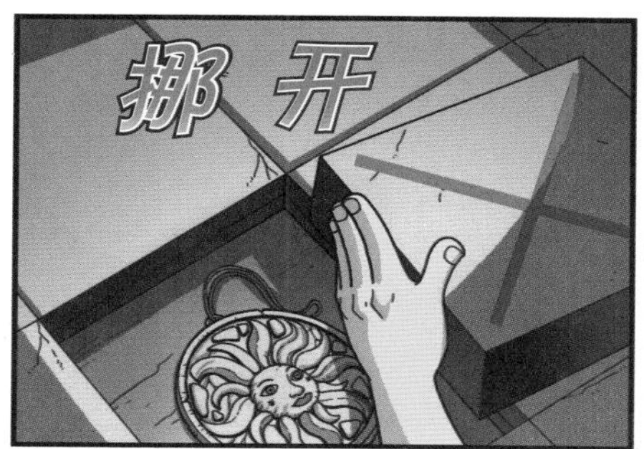

问题答案 34，39，49

看，我说的
没错吧？
太、太厉害
了！真的有
宝物出现！

哇，好漂亮啊！
嘟

闪光

啊啊？
啪啊

出现
啊？
你是谁？

咳咳!

首先自我介绍一下。我是太阳神——因蒂。

你说什么?太、太阳神?
惊
我正沉浸在深深的悲伤中。
看见这条信息的你,能为了我来太阳帝国吗?

惊吓
太阳帝国?

一定要来啊!拜托了!

消失

竟然有太阳神，还有太阳帝国……

那么我们……

我们现在看到的不是幻觉吧？

即使你爸爸是科学家，去太阳帝国的话也太……
哈哈！去我家看看就知道了。
你们几个好好玩吧！我走了。
挥手
嗯？

*荒诞：指虚伪而不可信。

喂！你说什么？有本事再说一遍！
夏洛克，冷静啊！

啊啊？

啦啦啦
怎么办，好想大家一起去太阳帝国啊！

阿加莎，快点儿走吧！
哼！

唉！竟然要和夏洛克这帮小鬼一起去太阳帝国……
下次一定要叫上罗宾一起去！
好期待呀！
嗯！

出现
罗宾，就这样
走了吗？
那条项链，分明和柯
莱梅有什么关系啊！
和那帮孩子一
起的话，行动
起来太费事了。
我的身份如
果被发现就
糟了。
啪嗒
我们悄悄跟在他
们后面去吧。
那个女孩好像知道
去太阳帝国的方法。
啪嗒

终于找到
线索了。
我一定要亲
手抓住柯莱
梅这家伙！
走吧，向太阳
帝国出发啦！
呃啊啊
哈哈哈哈！
停
哼……

第 1 讲 练习题

找出数字排列的规律

问题 1

虽然我晚了一步，但发现了《真实之书》其他页数上的数字排列表，找一下可以填进①里面的数字吧。

 ______________________

问题 2

羡慕伊瓜因拥有隐身的能力吗？找出绿色格子里面应该填的数字的规律，就可以得到特别的辅导哦。

64	65		67	68		
						77
	79					84

 ______________________

答案在137页

请帮助我恢复项链的光芒吧。
我的愿望可以实现吗？

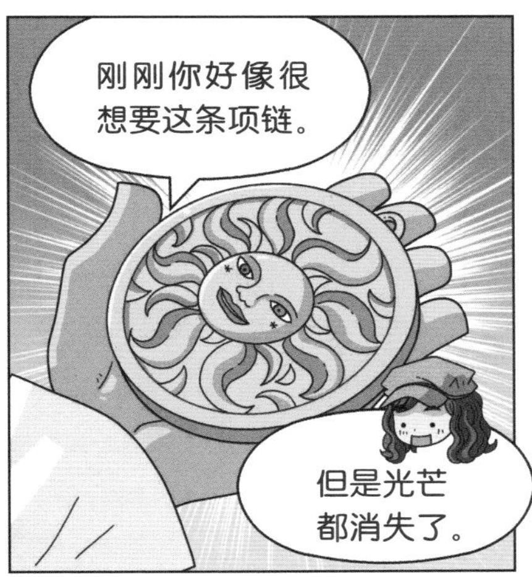

按照 17—22—27—32—37 同样的规律在①处填上合适的数字。

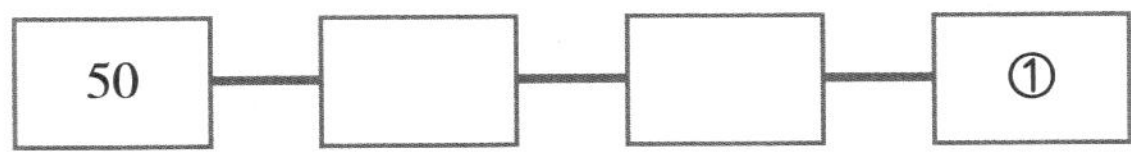

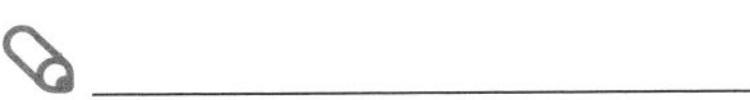

2 出发吧，向着太阳帝国

嘎吱

嘟

我最棒，
跨国公司 SS 集团的继
承人，虽然很聪明但是
太过于自我。

你们随意撬开了仓库
地面的瓷砖是不是？
学生可以随意毁坏
学校的物品吗？

再加上你们还捡了没
有主人的东西，我要
不要报告给老师呢？

听起来你不也是
在偷看我们吗？

与其说是偷看，应该
说我只是偶然目击*
了整件事而已。
你这家伙！

最棒呀，瓷砖
我们已经摆好
放回原位了。
捡来的东西也正准
备要还给主人呢。

*目击：亲眼看到。

我也想去太阳帝国！

啊啊啊？

做为全校第一名，SS 集团的继承人，跟着你们一起去可是你们的荣幸！

如果带我去的话，今天的事情我绝对不会和任何人说的。

呃

但是很抱歉，
最棒啊！
完全不问我们的想
法就自己做决定，
真的很不礼貌！

什、什么？

太棒了，
阿加莎！

如果没有什么其
他的事情，请你
回家吧，好吗？
不是，我不是这个
意思……等一下！

我的意思
是……

麻烦你们
带我去太
阳帝国！

本来以为，我这么客气说的话，你们会不同意，所以才那么强硬。
如果带我一起去的话，以后你们的零食我全包了！
什么？

什么嘛，原来你也是个不错的家伙呀。
抱紧
嗯嗯
呃呃！
喂，夏洛克！怎么这么轻易就答应了？

好吧，去太阳帝国要快去快回呀，回来后大吃一顿吧！
好、好的！不用担心钱，随便吃。

呼啊

呼！成功了。

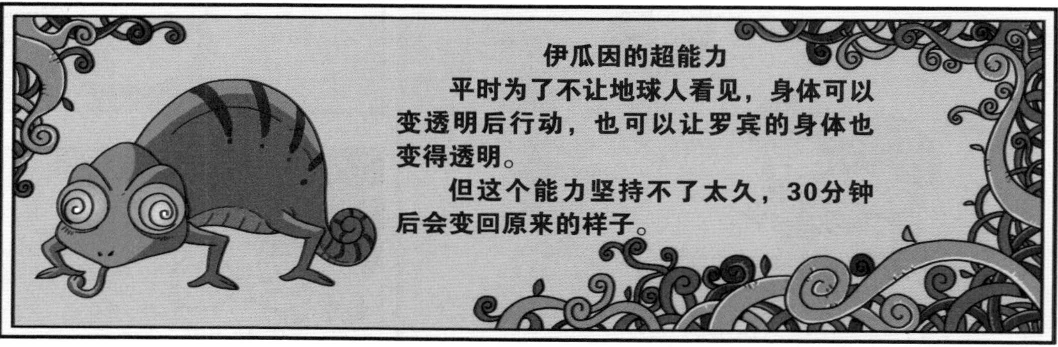

伊瓜因的超能力

平时为了不让地球人看见，身体可以变透明后行动，也可以让罗宾的身体也变得透明。

但这个能力坚持不了太久，30分钟后会变回原来的样子。

哔哔哔
您好！
走进
阿加莎回来了吗？
嘟
阿加莎的爸爸——斯图尔特博士，是一位发明家同时也是SS集团的科学家。
爸爸，有一个消息会让您大吃一惊的哦！
那个帽子是什么啊？
我们在学校里发现了一条项链，
那里面保留着太阳神因蒂留下的一个消息。
什么？太阳神因蒂？

*传送门：是对门的广义延伸，这个门连接的不是里外的空间，而是整个三维及至多维空间。

哇哦！太了
不起了吧！

哇哇！好酷啊，
博士！那个传送
枪要多少钱，您
可以卖给我吗？
嗯

放肆的小鬼！说
话没有礼貌！
啊啊！
砰！

阿加莎，不要和不
懂得尊敬*长辈的
人一起玩！
呃，本来就是
他硬要加入的。

*尊敬：重视而且恭敬对待。

呵呵呵
呃！连爸爸都没有打过
我呢……真是委屈啊！

展示
哇啊！

博士，难道
这个就是传
送枪吗？
嘟
那是打火机。
火力不错吧？
轰嗡嗡
……！
好好看看吧！
嘟咚
这个就是可以空
间移动的机器——
神奇的传送枪！
那个难道
不是通马桶的
工具吗？
孩子们，如果所有
东西都按长相来
判断可就麻烦了。

哨哨
都看好了！这个哪里看起来像是通马桶的了？
简直一模一样啊？

这个传送枪的确也有通马桶的功能。
前几天，家里的马桶堵了，用这个一下子就……
丢脸
呃？

别再说了，爸爸！
咔啊啊啊
啊啊啊！
气可真大啊

博士，那个通马桶的传送枪借我用一下吧。
嗯？为什么？
实际上我家马桶今天早上也堵了呢！
什么？

哼嗯嗯
别再说马桶的事情了！
知、知道了！我知道了！

*百闻不如一见：听别人说多少遍，都不如自己亲自看一下。

*复制：依照原件制作成同样的。

伊瓜因的超能力
纳士拉星球是宇宙中科技最发达的星球，来自这个星球的伊瓜因熟练掌握其中的尖端复制再生技术，不管是什么样的科学技术只要用眼睛扫描后就可以复制加以运用。

传送枪的电池只能用一个小时，如果电池完全没电的话，就永远回不了家了。
这点一定要牢牢记住。
什么？
嗝
咐

嗡嗡嗡
大家都愣着干什么啊？
太阳帝国在呼唤我们呢！

Let's go!
（出发！）

哇啊啊！
呃啊！

咻嗡 嗡嗡

咣当咣当

嘟
啊呀呀呀！
嗡
呃呃！是谁这么沉啊？救命啊！

咣
呃啊！
阴森森
呃呃，好
吓人啊！
咦嘻嘻！那
个是什么？
啦啦啦
救命啊！
黏住

咳咳咳！好不容易才逃出来。

嘿嘿嘿！对不起！

没事吧？

快一点儿吧，只剩下 40 分钟了。

一直走

嘿嘿！其实是因为在沼泽里对传送枪进行数据记录所以才晚了！

辉煌

呜哇啊啊！
太耀眼了！

太宏伟了！居然
是发出黄金般耀
眼光芒的城堡！

城堡上的图案和项
链上的一模一样。
这个城堡一定就是太
阳神生活的地方了。

咚

哎哟喂！

咳咳……门一
动也不动啊！
坐下
没有什么其他
的办法吗？

都已经来到
这里了，绝
不能放弃！
撞

啊呀呀！
如果有守卫的话，还可以给些钱让他帮我们开门……

嗯？

这里写着什么内容呀？
数一下1、2、3，利用蜥蜴朋友们吧。它们会为你们开门的。
指

在哪里、哪里？
挤
把手拿开
啊啊

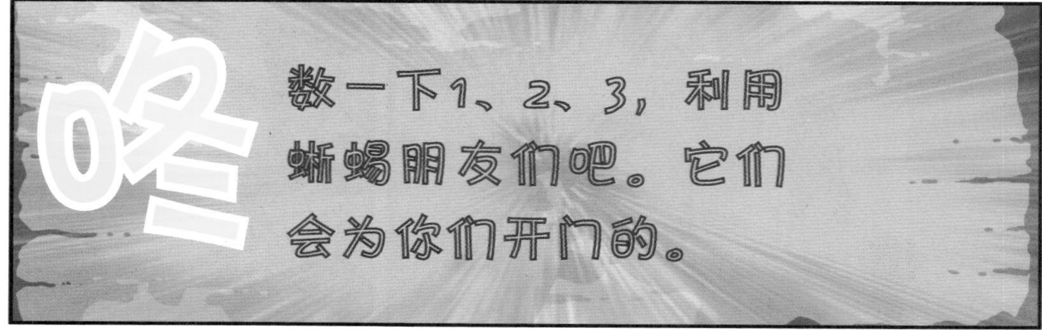
咚
数一下1、2、3，利用蜥蜴朋友们吧。它们会为你们开门的。

咦？这是什么意思？
喊出数字的话蜥蜴就会打开门吗？

1、2、3！请开门吧！

安静
没有任何反应啊？

知道了！看一下这里！

门上的数字里面是镂空的，可以放进碎块。
1 2 3
在这里面放入碎块是不是就可以打开门了呢？

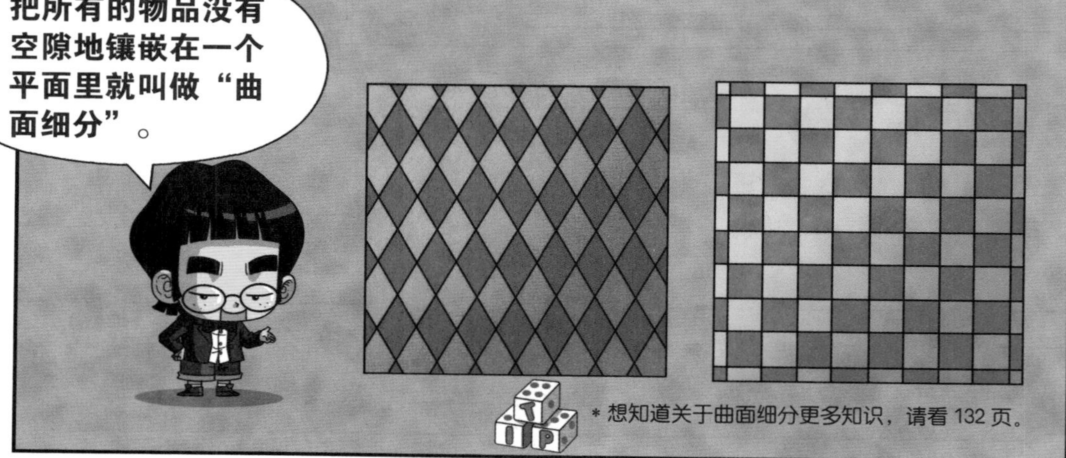

* 想知道关于曲面细分更多知识，请看 132 页。

嗯哼！如果不是我知道曲面细分的知识，你们恐怕还在迷茫吧？

快点儿试一下吧！

也带上我一起做吧！

在右图中画出左图图案的基本纹路吧。

答案在77页

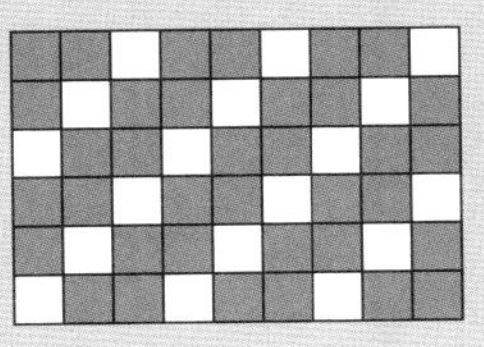

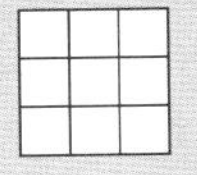

噹
1 完成啦！

啊啊啊！
发光

哈哈！我们
也完成 2 了！
啪嗒

三十六计，
走为上计
啊！
啪啊

1和2都已经完成了！3呢？

再等一下，马上就完成了……
嘻嘻
什么？还没有完成吗？

从刚刚到现在你都在干什么呀？
什么呀！你的脑袋是为了显得有智慧才带着的吗！
什么话！我是为了拼出完美的3正在努力地分析和掌握规律呢……

拿过来吧！我们没有时间了！不要光是去想，直接动手拼出碎块，不就能找到答案了吗？
抢
唉

呼
呼
呃啊啊
呼
哇咔咔咔！

唉？怎么会少一块？
嗒哒

问题答案

难怪算起来有一点儿奇怪……
你连缺少一块拼图都不知道吗？
没有时间争吵了！赶快找一找吧！

夏洛克，就是你啊。为了区区一只炸鸡就妥协了！
哎哟喂，好郁闷！这个家伙到底是谁带过来的啊？
东张
西望

啊？
找到了！
打飞
呃啊啊！

你是傻瓜吗？就在你屁股底下啊！
冷、冷静啊，阿加莎……
呃呃！
数字3也完成了！
啪

那么，现在就把数字模样的拼图放进门上的图案里试试吧。

发光

按

吱呀

呜哇！城门终于打开了！

桥、桥是断开的！

断开

*困难：事情复杂，阻碍多。　重重：一层又一层，形容很多。

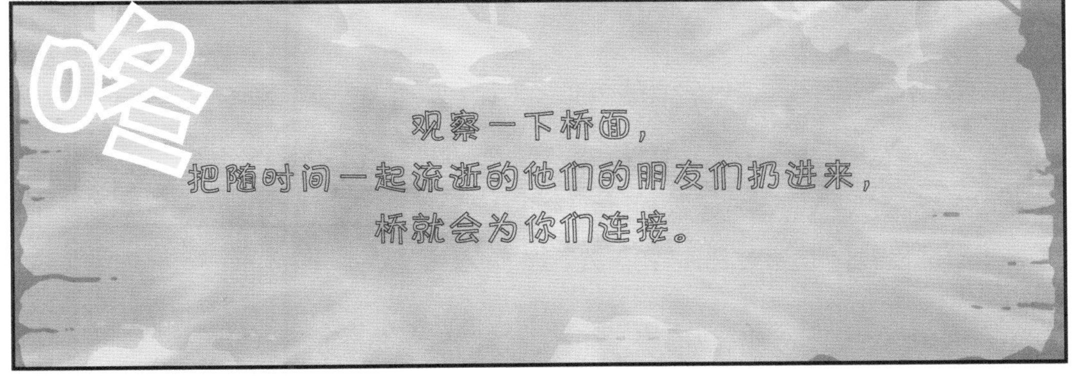

桥面上有动物的图案呀！

啊，是真的呢！

嘟咚

熊猫呀，帮我
们把断了的桥
连起来吧！
噗通

嗯？没有任何
反应啊？
安静

这里也有很多画着
其他动物的石头。
很好，一次扔
一个试试吧！

扔一下老
虎试试！
猫也扔
进去！
噗通
噗通

海豚也扔
进去！

咳咳，都已经扔
了这么多了为什
么还是不行呢？
那个提示，是不
是骗人的啊？

啊！

难道动物的画是有规
律的吗？或许要按照
规律扔才可以呢。
再仔细看一下。

水瓶、鱼、羊、
牛还有人？

人也是动物啊，没有什么奇怪的。
但是这个有一点点不同呢？

其他动物都是一个的，为什么人有两个呢？
指

断桥另一边的画大致能看到。
好好看看！一定藏着什么规律。

那个是天秤！
嗯？

＊星座：
为了区分天上的星星，所以把它们三五成群地连在一起并起了名字。最先创造出星座的是大约在5000年前的巴比伦地区的游牧民族。他们为了守护羊群所以夜晚时看天空中的星星，并把一些可以连起来的星星以动物命名。之后流传到了希腊，又增添了希腊神话里面出现的神，动物和工具等，形成了现在的名字。

和时间流逝的他
们的朋友一起，
原来是这个意思。

双子座和天秤座之间
缺少的星座是……
巨蟹座，狮子
座，处女座！

找到了！
嗒哨
这是巨蟹座、
狮子座、处女
座的石头！
噗通
噗通
好的，那现在
让我按顺序扔
一下石头吧。

桥连接起来了！

我们做到了！
成功了！

剩下的画是天秤、天蝎、射手和摩羯呀。
嘎吱
嘎吱
那么，现在进入城堡里面看看吧！
嘎吱
太棒了！真的太有意思啦！
开心

找出图案的规律

问题 1

大家如果有传送枪的话，想要去哪里呢？风景美丽的瑞士怎么样呢？在空格处写出正确的动物名字吧？

✎ ________

问题 2

因为传送枪的电池用光了，所以夏洛克他们到达了星星王国，请在空格处画出正确的图案帮助他们回家吧。

✎ ________

答案在137页

问题 3

多亏大家的帮助才能回到家，完成下面的鱼和树木的拼图就能看见阿加莎家的门了。

1

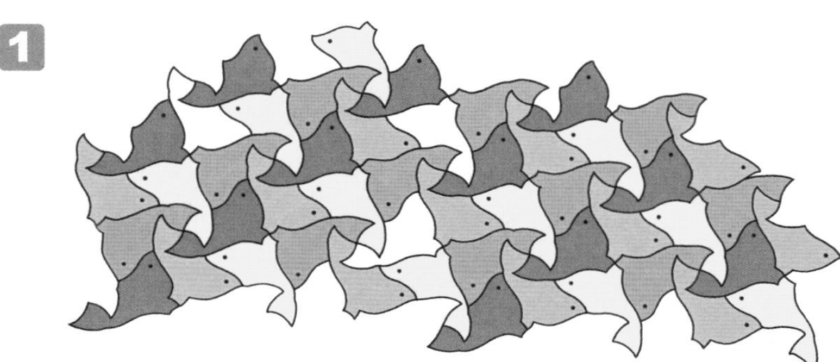

2

3 和月亮女神的见面

嘎吱嘎吱
多亏这帮家伙，我们才能轻而易举地来到这儿。
嘎吱
我们的事情现在才开始。
嘎吱
一定要亲自见到太阳神，然后问问他——
关于项链和柯莱梅的事……

推

打开

??!!

嘟咚

拉

??!!

噢噢！

嘟

出现
一下子来这么多客人，真的很吃惊呢。
哇啊啊啊！真的是太阳神！
嗯？
原来是看到我的信息，找来的客人们啊。
远道而来，一路辛苦了。
行礼

我是太阳帝国的主人
太阳神因蒂！
就是说啊！这里
是太阳帝国吗？
太阳神怎么也在脖
子上挂一个Dr.Dre
魔声耳机啊？
哦！你竟然也知道这
款耳机！难道你也是
产品试用者吗？
什么？产
试用者？
如今正是全球化时代
不是吗？我是和全球
化时代相匹配的向往
新产品的因蒂！
所以帝国的名字
也从太阳帝国改
成阳光帝国了。
切
不管是太阳还
是阳光，意思都
差不多嘛……
我在项链上面留下
信息的原因……
是为了向更多的人
请求帮助。

很久很久以前，

我和月亮女神都住在太阳帝国。

想了解更多关于印加神话因蒂，请看134页。

只有日全食*发生的时候，太阳和月亮、地球并排起来，这时我才可以和月亮女神见面。

我们在命运之桥上见面……

能够看到对方是我们最大的快乐。

*日食：月球运行到太阳和地球的中间时，太阳光被月球挡住，不能射到地球上来，这种现象叫做日食。太阳光全部被月球挡住时叫日全食，部分被挡住叫日偏食，中部分被挡住时叫日环食。日食都发生在农历初一。

什么？

吃惊

命运之桥是用
“臭氧”做的。
你们听说过
“臭氧层”吗？

哈啊
臭氧？那
是什么？
懵

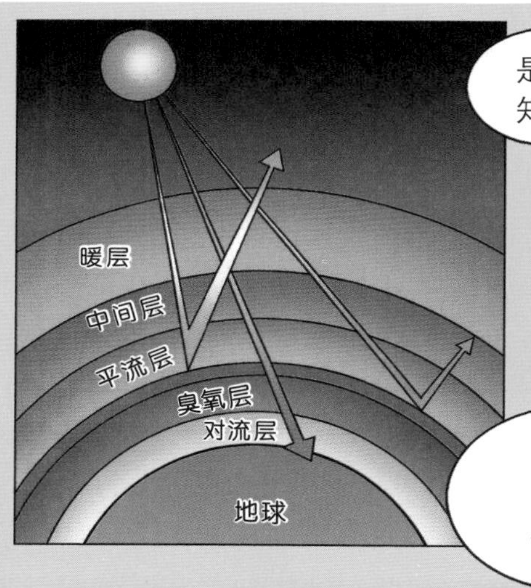
暖层
中间层
平流层
臭氧层
对流层
地球

是的，当然
知道了。
包围着地球的臭氧层可
以防止紫外线照射到
人、动物还有植物，这
都是在课堂上学过的。
但是人类单纯地
为了便利制造出
许多东西。

冰箱
尤其是氟利昂气体在
渐渐地破坏臭氧层。

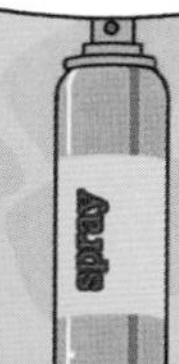
摩丝

空调
最终竟然连命运
之桥都被毁坏了。

＊紫外线：波长比可见光短的电磁波，在光谱上位于紫色光的外侧。可使磷光和荧光物质发光，能透过空气，不易穿过玻璃，有杀菌能力、对眼睛有伤害作用。用于治疗皮肤病、矿工的保健以及消毒等。

我们回到家
一定会……

会向人们转达
太阳神的心意！

谢谢你们啊，
孩子们。

果然发送信
息还是有意
义的。

只要我们齐心协力，任何问题都能解决！
伸出

没错！我们一定要帮助太阳神实现愿望！

项链能够到我们这里，就说明我们和太阳神有缘！

既然已经来到这里了，就不能装作什么都不知道！

哦哦哦！谢谢孩子们！

那就是命运之桥。

指

断掉

桥已经被毁坏成这个样子了，呜呜呜……

月亮女神啊，好想念你啊！

嗯！比想象
中要难啊！
这个桥是按照规律建
造的，只有对上这些
图案，才能完成修复。
没有试过怎么知
道？一定要把桥
修好！一定要！
嗯
但是，这已经是太久之
前的事情了，我已经忘
了那个规律是什么了。
没关系，我们
一定会帮你
找出规律的。
很好，要把桥的
每个角落都仔细
看一遍才行！

嗯！看一下
桥的表面！

五彩斑斓的颜色，
真的太漂亮了！

月亮女神在这样
美丽的桥上。

阿加莎，其实我从
很久之前就一直想跟
你成为很好的朋友。

哎呀，不知道
怎么说啦……

我什么时候
也可以……

好，先慢慢地
观察一下桥。
是吗
样子都一样，只
是颜色反复出现
的规律而已。

首先，先单独观察
一下第一个横行吧。

按照红色石头、蓝色
石头、黄色石头、绿
色石头这样的顺序每
个颜色放了 2 块呢。

看一下竖行的规律，
是按照红色石头、蓝色石头、
黄色石头和绿色石头这样的
顺序每个颜色放了一块。
按照这个规律看
一下整个桥面…

噢噢噢！
找到了！
想出

竖行按照“红一蓝一黄一绿”这样的顺序每个颜色放一块石头就可以。

这时横行的规律是“红一蓝一黄一绿”，每个颜色放 2 块石头就可以了。

横行可以依据竖行开始的颜色放石头。

QUIZ **按照规律画图案，那么第四个图案中一共会有多少个蓝色的正方形呢？**

答案在112页

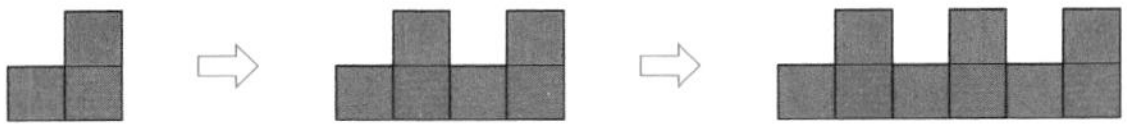

既然找到了规律就快一点儿吧！现在我们只剩下 10 分钟了！

哇啊啊

好的！

加油！加油！

快快！快一点儿吧！快点！

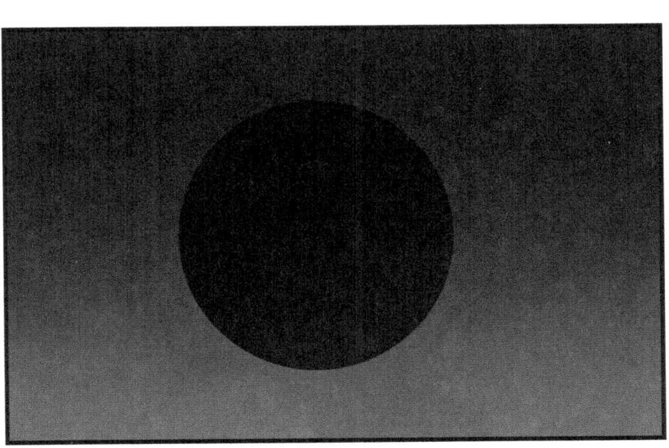

命运之桥连接起来了！

变黑

正好日全食也开始了！

终于可以和月亮女神见面了！

缓缓走出
优雅

终于……
终于……
你这个家伙居然
还敢来见我！
砰
呕啊！
哎哎？
什么情况？

命运之桥断开的期间，你和大地女神帕查玛玛不是一块儿玩得很开心吗！

那、那只是个误会！我非常想念你……

砰咚

我已经从帕查玛玛那里全听说了！

咳啊啊！

气氛怎么会这样？

唉？不知不觉时间只剩下 5 分钟了啊？

朋友们，传送枪的时间只剩下 5 分钟了，现在是时候回家……

?!

哐嗡嗡嗡

月星螺旋击……

螺旋

进攻！

咳啊啊啊！

哐当
呃啊啊！
骨碌噜噜
咳呃呃！
竟然忘恩负义，还有什么脸面再来见我？
呃啊啊！已经过了300年了，竟然还没有消气！
怒气冲冲

哼！还远着呢！这是对你不珍惜友情的惩罚……
呲啦呲啦
玛玛·基利亚！等一下！
嗯？
我让你这么伤心，你可以尽情地讨厌我！
跪下
啊？
但是请听一下我最后的请求吧，拜托了……
诚恳
我向你请求原谅！不不，即使不能原谅我也没有关系！
请、请求吗？是什么？

我真的希望
你不要生气。
啊?
在过去的 300 年间，
我一直在想念你。
啊啊！
原谅他吧！
实在是听不
下去了！
嘎啊啊！听得我
都想原谅他了！
糟糕
这帮小子可真会
渲染气氛……
竟然用这么幼稚的台
词，真是太失望了！
吵死了！
这么虚伪的忏悔，
女神会相信吗?
握紧
像太阳光一样炙
热而浪漫的太阳
神因蒂呀……

说得真是动听啊……

太棒了！成功了！

平静

什、什么呀！难道这样就消气了？

果然是我想象中的月亮女神啊！

你上次也是这么说的！

砰

咳啊！

饶了我吧！救救我！

哒
为什么现在才告诉我们？
只剩下 2 分钟了！我们要快一点儿了！
呃啊啊！

哒
哒
哒

很好，准备走了！
啪
真是万幸啊，还来得及。
啊？

阿加莎，
等一下！
等一下！
嗯？怎么了？

最棒他……
最棒不见了！
消失
你说什么？

他到底去哪了啊？现在传送枪马上就要到限定时间了啊！
我也不知道，以为他一直是跟我们在一起的呢……

最棒！
最棒，
你在哪？

我最棒！快
点儿过来啊！
没有时间了！
呼呼呼！
哔哔

很好！传送完成！
哔哩哩

高楼耸立

嗯？

哗 哗 哗

嗯……这个……
有点儿好奇 SS 集团的真面目了呢，真是厉害的信息呀。

启动

对不起了，
最棒！

我们先回去！

不可以！

就算最棒再怎么讨厌也不能这样丢下他不管啊！
最棒要是永远都回不了家了怎么办？

找出颜色的规律

问题 1

下图是太阳神和月亮女神见面的时候送的项链的图案。请在括号内画出正确的图案。

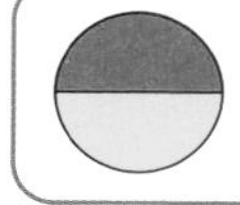 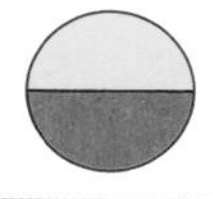 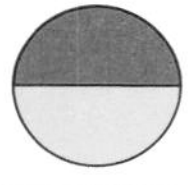 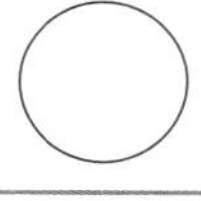 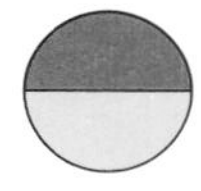 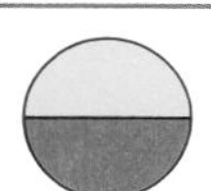

 (　　　) 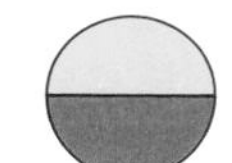 (　　　)

 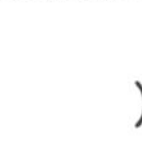

问题 2

夏洛克一群人正在举行突击侦探团的成立仪式，彩带的第19个图案是什么颜色呢？

 ______________________

答案在137页

问题 3 臭氧层被破坏的话会发生哪些事呢？根据规律将冰川融化后出现的冰块涂上颜色吧。

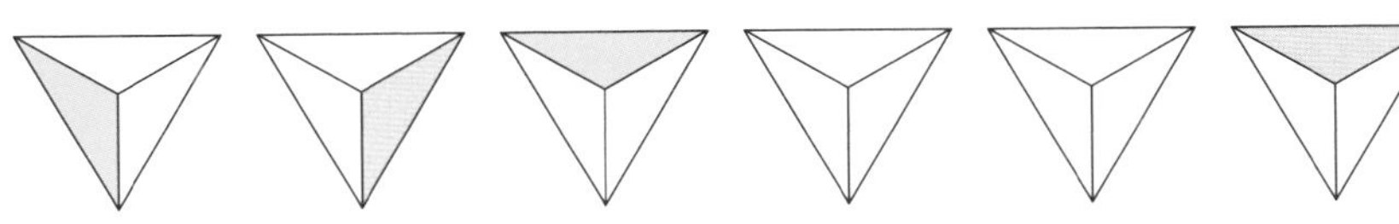

故事教学 问答题

故事 1 找出数字排列的规律

41	42	43	44	45
46	47	48	49	50
51	52	53	54	55
56	57	58	59	60

71	72	73	74	75
79	80	76	77	78
84	85	81	82	83
89	90	86	87	88

1 阿加莎写了从 51 ~ 70 的数字排列表，但是有几个地方被贴上花了，写出贴上花的地方的数字。

51	52	53	54	55	✿	57	58	59	60
61	62	63	✿	65	66	67	68	69	70

✿（　　　　　　　　），✿（　　　　　　　　）

华生在上课的时候瞒着老师，偷偷地把下面的数字排列表用彩笔涂上了颜色。

71	72	73	74	75	76	77	78	79	80
81	82	83	84	85	86	87	88	89	90

2 被华生涂上颜色的数字，有哪些规律吗？

（　　　　　　　　　　　　　　　　　　　　）

答案在137页

3 在被抹去痕迹的石头上面写出正确的数字。

夏洛克要从按规律写着数字的石头上跳过去找阿加莎。

4 蜈蚣的身体按照一定规律写上了数字，在空白处填上正确的数字吧。

故事 2 找出物品排列的规律

5 在筒里依次放入勺子和叉子，把在最后一个空的筒里要放的餐具用○标示出来吧。

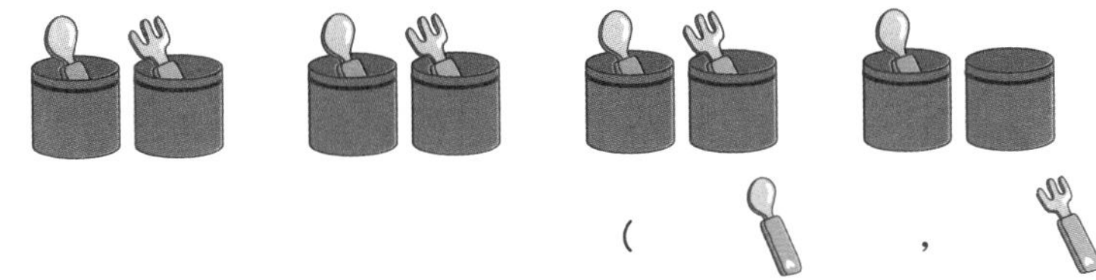

（　　　，　　　）

故事教学 问答题

音乐课上，学生们按照规律每人带了一种乐器来演奏。

6 最棒应该在鼓、木琴、小手鼓这三种里面带哪一个过来呢?

( )

7 动物们正在按照规律排队等候，请写一下动物们是按照什么规律排队的?

( )

故事 3 找出图案排列的规律

把饼干按规律摆放在桌子上吧。

先放形状的饼干，然后放图案的，最后放图案的饼干。

要反复地放才行，但是怎么少了一块图案的呢?

你怎么能偷吃!

答案在137页

华生和阿加莎正在堆积木。

8 华生和阿加莎堆的积木中空白部分的图案是■、▭、⚽这三个中的哪一个呢?

华　生（　　　　　　　　　）

阿加莎（　　　　　　　　　）

9 把□、△、○中按照规律画在空格处。

○	□	△	○	□	△
○	□			□	△
○					△

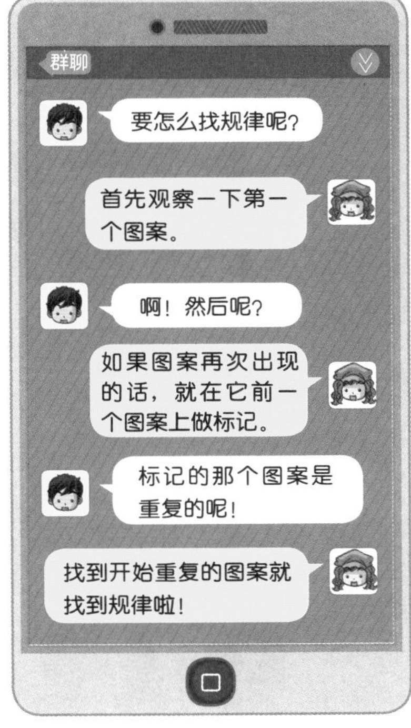

罗宾看着墙上画的图案找到了规律。

10 罗宾找到的规律是什么呢?

（　　　　　　　　　　　　　　　　　　　　　　　　　）

故事数学 问答题

11 各种各样的饼干按照规律摆在盘子里面了，请画出空盘子里面应该摆的饼干。

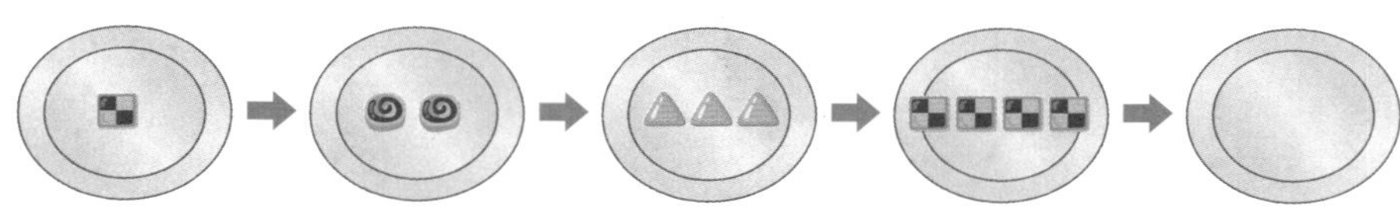

华生和夏洛克在教室的窗边想要按一定的规律摆放花盆，但是还有两个位置空着。

12 华生和夏洛克的位置分别应该放什么颜色的花盆？

(　　　　　　　　　　)，(　　　　　　　　　　)

答案在137页

13 公交车站的汽车是按照什么样的规律停放的呢？

（　　　　　　　　　　　　　　　　　　　　　　　　　　）

14 下图是摆放整齐、样子相似的国旗，按照规律给后面的国旗涂上颜色。

阿加莎把浴室的地面装修成了四边形的细分曲面，但是下面的两行想不起来要刷什么颜色了。

15 按照阿加莎刷的颜色的规律，把空白的地方涂上颜色吧。

1 为了开出花朵，要在拼图里填上 1 ~ 7 中的数，并使得每一行数字加起来的和都是花里面的数字。请你在数字 1 ~ 7 中依次选择一个数填入空格内。

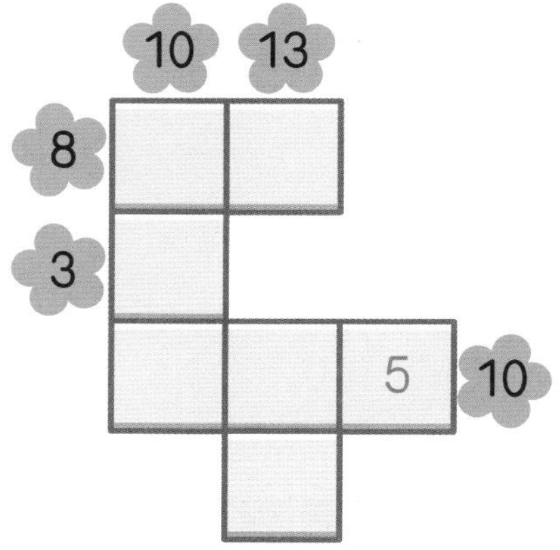

2 ♥ 里面的数字代表这一行的数字之和。请你从数字 1 ~ 7 中依次选择一个数填入空格内。

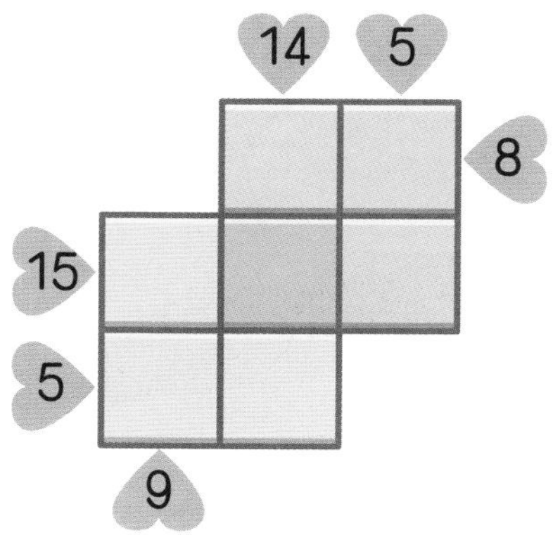

完成 2 个以上，就通过测试哦！

3 下图是十字绣的图案。请在空白的方格内涂上颜色，让按照箭头指向的方向叠起来时，能和左边的图案看起来一模一样。

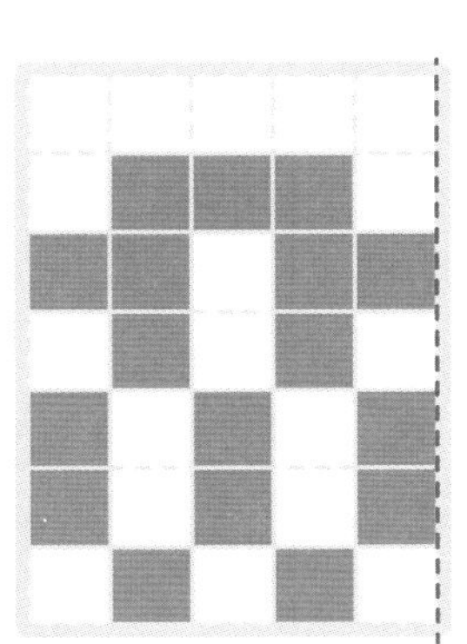

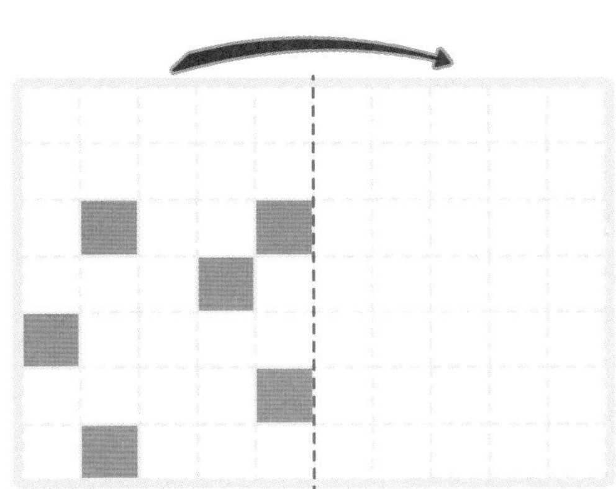

4 在美术课上打算利用移画印花法完成下面的图案。请在空白的方格内涂上颜色，让按照箭头指向的方向叠起来时，能和左边的图案看起来一模一样。

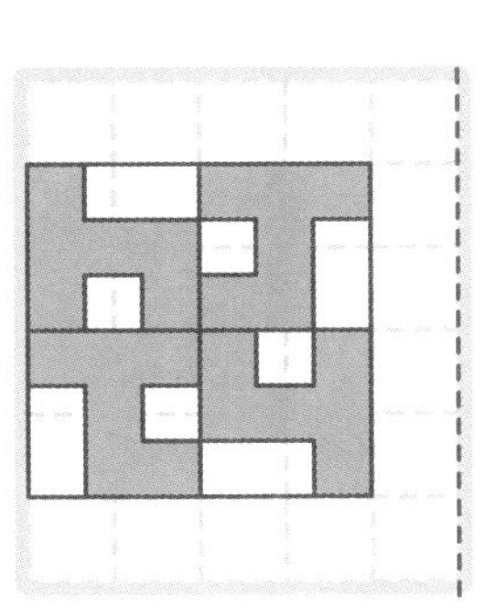

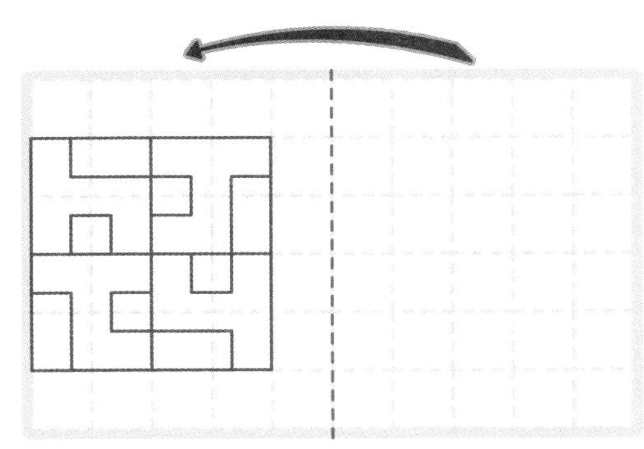

※ 移画印花法：在纸的一半涂上染料，向另一半折叠做出作品的一种形式。

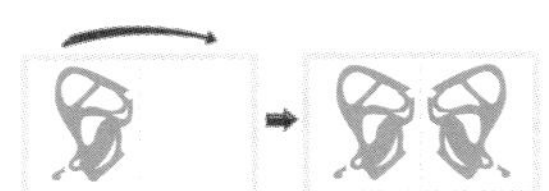

· 曲面细分（Tessellation）

曲面细分是指像浴室地面的瓷砖一样，没有任何缝隙和裂缝的平面，或者是指能够把空间用图形完美地覆盖住的平面。

这样的曲面细分可以在公元前 4 世纪伊斯兰文化中的挂毯、布艺、衣服、垫子、家具、瓷砖或建筑物中轻易找到。另外在埃及、罗马、波斯、希腊、拜占庭、阿拉伯、日本等地也有所发现。其中位于西班牙格拉那达的伊斯兰式建筑阿尔汗布拉宫殿以曲面细分样式而闻名于世。阿尔汗布拉宫殿的地面、墙、天花板等都是由反复的曲面细分图案构成。

曲面细分不仅仅在外国的古代文化中可以找到，在我国的传统图案中也可以找到呢。

在我们的生活中也能经常看到曲面细分，人行道地砖、客厅、卫生间的地板或商品的包装纸图案等，真是数不胜数呢。

曲面细分带给我们的不仅仅只是艺术性的美感，其中还蕴含了无限的数学意义，让我们可以学习到图案棱角的大小、对称等知识。

·印加文化

大家好！我是本书的头脑担当斯图尔特博士！
今天让我来介绍一下孩子们去的印加帝国。

首先介绍一下印加文化中的太阳神因蒂。
你们好

印加帝国是指 15 ～ 16 世纪早期，从哥伦比亚到智利的这一区域。
统治了非常庞大的地区。
印加帝国
是可以配得上帝国这一称号的庞大王国呢！

印加人认为他们自己是太阳神因蒂的子孙后代。

印加帝国是以国王为绝对中心的中央集权国家，
首都库斯科城整体都是用巨大的石头建成的。

* 世界文化遗产：得到确认的、具有世界性意义的文化遗产。1927 年，联合国教科文组织规定世界文化遗产包括自然、文化、自然与文化混合体、文化景观、非物质文化遗产五类。

* 石雕技术：在石头上雕刻形象、花纹的艺术，也指用石头雕刻成的作品。

因为我——征服了印加帝国，来自西班牙的皮萨罗！

出现

适当地拿走一些黄金不就好了！都是因为你这样的家伙！

印加帝国竟然被西班牙军队大约 200 名士兵给消灭了。

但是印加帝国留下了很多优秀的文化遗产。

那个时候印加帝国的内部已经开始乱了呢……

一定要好好保护，传承给子孙后代啊！我们在数学神探 2 再见吧！

答案与解析

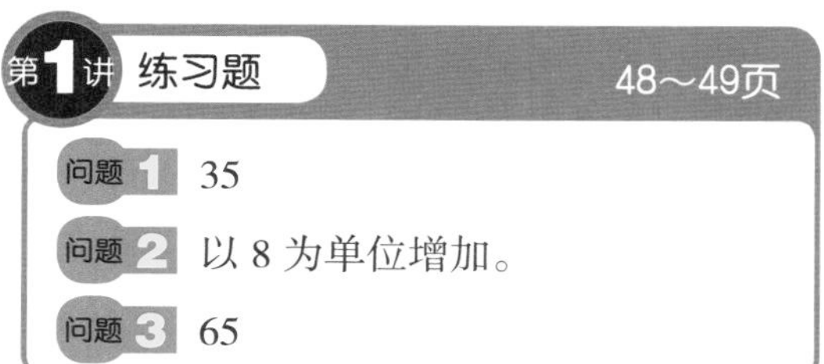

第1讲 练习题 48～49页

问题1 35

问题2 以 8 为单位增加。

问题3 65

解析

1	2	3	4	5	6	7
8	9	10	11	12	13	14
15	16	17	18	19	20	21
22	23	24	25	26	27	28
29	30	31	32	33	34	35
36	37	38	39	40	41	42
43	44	45	46	47	48	49

1 因为数字排列表的横行有 7 个格而竖行是以 7 为单位增加的。

2 绿色格子里面应该填的数字是 67、75、83，所以规律是以 8 为单位增加的。

3 17—22—27—32—37 是以 5 为单位增加的规律，所以应该是 50—55—60—65。因此在①里面应该填的数字是 65。

第2讲 练习题 90～91页

问题1 马　　问题2 ▲

问题3 省略

解析

1 规律是羊、马、牛反复地出现。

2 规律是★ ▲ ● ◆反复地出现。

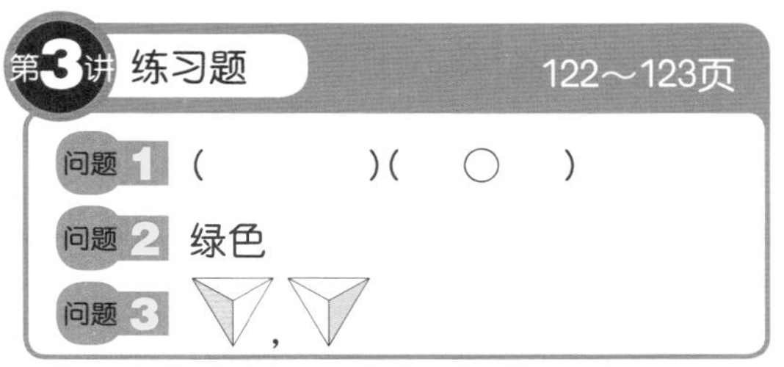

第3讲 练习题 122～123页

问题1 (　　　)(　○　)

问题2 绿色

问题3 ▽，▽

解析

2 规律是绿色、朱黄色、绿色、蓝色这样子重复的。

3 按照逆时针的方向每转动一格来找到需要上色的那一面。

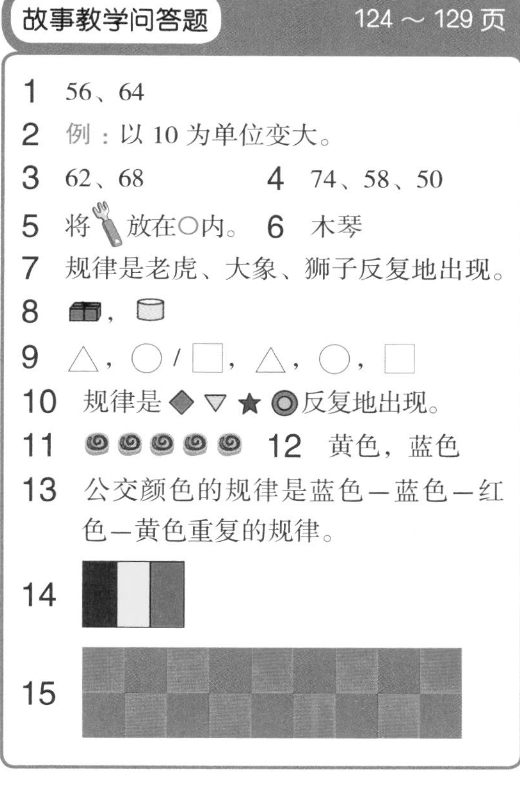

故事数学问答题 124～129页

1 56、64

2 例：以 10 为单位变大。

3 62、68　　4 74、58、50

5 将 放在○内。　6 木琴

7 规律是老虎、大象、狮子反复地出现。

8 ，

9 △，○ / □，△，○，□

10 规律是 ◆ ▽ ★ ◎反复地出现。

11

12 黄色，蓝色

13 公交颜色的规律是蓝色—蓝色—红色—黄色重复的规律。

14

15

解析

1 数字排列表横行的数字是以 1 为单位变大的规律。

55 的下一个数字是 56，63 的下一个数字是 64。

2 涂上颜色的数字是以 10 为单位变大的规律。

3 以 3 为单位变大的规律，所以 59 的下一个数字应该写 62，65 再下一个数字写 68。

4 相邻两个数字之间是以 8 为单位在变小的规律。

5 和重复的规律，所以在空白的地方下面的应该是。

6 学生们拿着的乐器是以鼓、木琴、小手鼓重复的规律，所以最棒拿着的应该是木琴。

7 动物们是以老虎、大象、狮子为顺序重复站着的。

8 华生的积木是从下到上 - 的重复规律，阿加莎的积木是从下到上 - - 的重复为规律。

9 ○ - □ - △的重复规律。

11 饼干是以 - - 为顺序摆放的，并且每次都要增加一块饼干，所以放 4 块的盘子后面应该放 5 块饼干。

12 教室窗台上面的花盆是按照紫色、黄色、蓝色的顺序重复摆放的。华生前面的空位置，紫色花盆后面要摆黄色的花盆，而夏洛克前面的空位置，黄色花盆后面要摆蓝色的花盆。

13 巴士的颜色是按照蓝色 - 蓝色 - 红色 - 黄色为顺序重复的。

14 每面国旗的第一个格子是蓝色 - 绿色 - 黑色的重复，而每一面国旗的第二个格子都是黄色，第三个格子都是红色。

15 上面一行是朱黄色和绿色，下面一行是绿色和朱黄色的重复规律涂颜色就可以。

头脑智力王 130 ～ 131 页

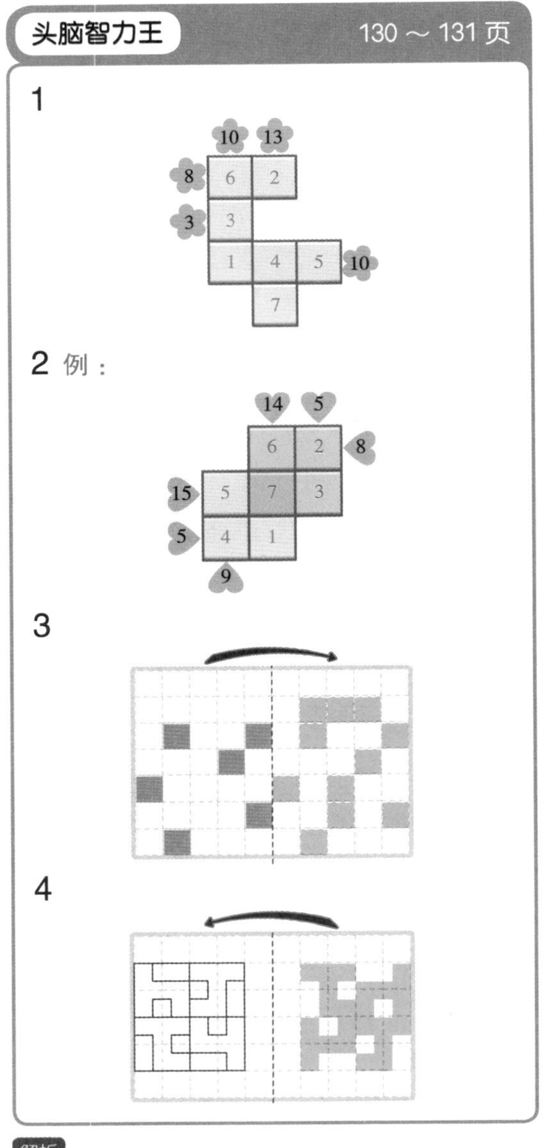

解析

1，2 略。

3 属于现有图案的部分用 X 标记一下，没有用 X 标记到的图案，尽量想着折起来时的图案来涂颜色。

4 考虑向着一半折起来的时候重合的部分。

冒险岛数学秘密日记

读者群：6~12 岁　开本：16 开

第一辑共 5 册
定价：149.00 元

- ◆《冒险岛数学奇遇记》姐妹畅销漫画书
- ◆ 深受孩子们欢迎的数学应用漫画，通过漫画内容，让数学学习更轻松、更有趣、更扎实
- ◆ 小学数学新课标知识点与小学生校园生活、冒险故事相结合，风靡热读
- ◆ 故事与数学基础相结合，由易到难，逐步深入，系统化学习数学基础知识
- ◆ 强化平凡女孩纯洁心灵的力量，鼓励孩子们追求真善美
- ◆ 看漫画 学数学=其乐无穷，让孩子从此不再害怕学数学
- ◆ 送给数学基础运算环节薄弱孩子的礼物

这是一套写给儿童的漫画书，在读漫画故事的过程中加深对基础数学的理解。书中的故事是对真善美的弘扬，能滋养孩子的心灵；书中涉及的数学知识由浅入深，再加上与数学相关的百科故事，可以唤醒孩子对数学的热爱。看漫画学数学，从这套《数学秘密日记》开始吧！

——全国知名数学教师、“成为学习者”团队核心成员 吴宝森

第二辑共 5 册
定价：149.00 元

第一辑共 5 册
定价：149.00 元

第二辑共 5 册
定价：149.00 元

冒险岛语文奇遇记

读者群：6~12 岁　开本：16 开

- 韩国小学生中人气超高的学习型漫画系列，经久不衰
- 通过漫画内容，让汉字学习更轻松、更有趣、更扎实
- 每本收录100多个汉字，由易到难，分册学习，让汉字学习更加系统化
- 通过图画和练习题，轻松理解汉字语义
- 读看写相结合，让孩子能够主动记忆
- 本书采用了汉字自动记忆体系，即五步学习法

《冒险岛语文奇遇记》融合了幻想、幽默、战斗、友情等元素，带给孩子一场搞怪逗趣的奇幻大冒险！是能够让小学生轻松有趣学习语文知识、识记汉字的学习型漫画。在冒险岛主人公的故事中，自然而然地认知生字。而且，漫画和主人公对话相结合，对汉字进行解释，可以达到更好地学习效果。跟哆哆一起来冒险岛探险吧！

第一辑共 5 册
定价：149.00 元
畅销经典

第二辑共 5 册
定价：149.00 元

第三辑共 5 册
定价：149.00 元

第二辑共 5 册
定价：149.00 元

第一辑共 5 册
定价：149.00 元

学习漫画系列丛书

九州出版社
JIUZHOUPRESS

图书在版编目（CIP）数据

冒险岛数学神探.2 / 杜永军著绘. -- 北京：九州出版社，2019.2

ISBN 978-7-5108-7911-1

Ⅰ. ①冒…　Ⅱ. ①杜…　Ⅲ. ①儿童故事—图画故事—中国—当代　Ⅳ. ① I287.8

中国版本图书馆 CIP 数据核字（2019）第 029639 号

本漫画的主人公叫夏洛克。

夏洛克这个名字，取自历史上最有名的侦探小说《福尔摩斯探案全集》的主人公**夏洛克·福尔摩斯**（Sherlock Holmes）。

这部由英国推理小说家亚瑟·柯南·道尔所写的推理小说，从出版到现在已经过了 100 多年，仍旧被世界各地的人们所喜欢。

以夏洛克对手身份登场的神秘人物宇宙少年罗宾——他的名字也是取自跟福尔摩斯同一个时代出版的莫里斯·勒布朗的人气推理小说《亚森·罗宾探案集》。有趣的是，夏洛克是抓捕犯人的侦探，而罗宾则是个小偷，但和一般的小偷不同，他的外号是“侠盗罗宾”。

本漫画还有一位主人公阿加莎。不同于前面两个人，她的名字来自一位真实的小说家。

英国推理小说家**阿加莎·克里斯蒂**（Agatha Christie，1890 ~ 1976），被誉为推理小说女王。她小说中的“赫尔克里·波洛”，是一名实力不亚于夏洛克·福尔摩斯的名侦探。

好了，现在我们就和这三位主人公一起，开始有趣又刺激的冒险之旅吧！

出场人物

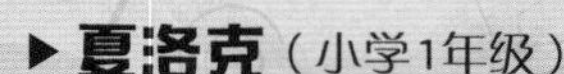

▶**夏洛克**（小学1年级）

性格冲动又特别随性。虽然有着超越常人的大脑，但不易被人看出，甚至给人有些笨拙的感觉。

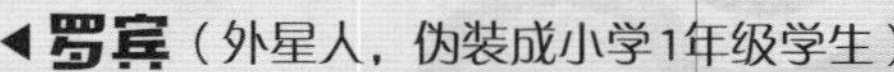

◀**罗宾**（外星人，伪装成小学1年级学生）

行星纳土拉星球贝丽塔斯王国的王子。接受国王的命令，到地球上搜捕宇宙罪犯柯莱梅。

▶**伊瓜因**（外星人）

并不是罗宾的宠物，而是堂堂正正的外星人助理。拥有了不起的超能力，同时也是罗宾忠实的人生导师。

◀**阿加莎**（小学1年级）

不折不扣的女汉子性格，不管什么事情都会挺身而出，不过经常处理得有些过头。

▶其他登场人物

小黑猫和太阳锥尾鹦鹉

◀华生（小学1年级）

夏洛克的好朋友，沉着冷静，考虑周全。和夏洛克的冲动性格互补。他像夏洛克的影子一样，在夏洛克遇到困难时为他提供建议，给予帮助。

▶我最棒（小学1年级）

跨国公司SS集团的继承人，总是一副富家子弟的作派。所以给人的第一印象非常不好。据说，只要和他对话一分钟，就会让人的心情变得糟糕。

▶罗斯玛丽　▶琥珀　▶阿曼达　▶安吉拉　▶安吉莉卡

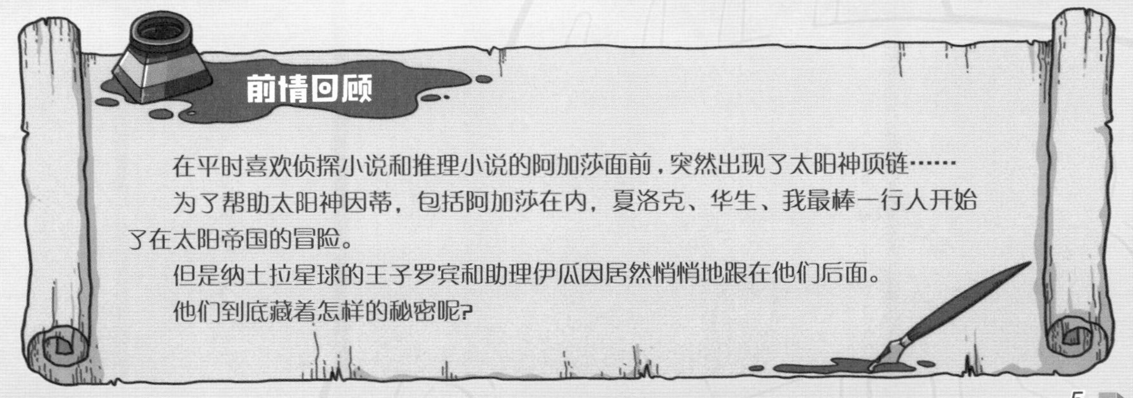

前情回顾

在平时喜欢侦探小说和推理小说的阿加莎面前，突然出现了太阳神项链……

为了帮助太阳神因蒂，包括阿加莎在内，夏洛克、华生、我最棒一行人开始了在太阳帝国的冒险。

但是纳土拉星球的王子罗宾和助理伊瓜因居然悄悄地跟在他们后面。

他们到底藏着怎样的秘密呢?

目录

2 分类专题

寻找失踪的琥珀

学习内容［进行分类］

对于生活在各种各样信息中的现代人而言，统计的重要性越来越不可忽视。统计是指对某一集体进行资料的收集与分类，整理后将该集体的特征通过数量表示出来。统计最基本的步骤就是对资料进行分类。

我们能够看到生活中有很多被分类好的物品。

不管是文具店的学习用品还是水果店的水果，都用分类的方式进行陈列，我们可以感受到分类带来的便利之处和没有分类时的众多不便。

对各种各样的东西进行分类然后计数，并分析一下结果吧。

1 无法预测的最棒的小算盘

成功了！时空之门终于打开啦！

时空之门出现

快一点啊！只剩下 20 秒了！
但、但是，最棒怎么办呢？
我们要先回去才能给传送枪充电，充完电后就能回来救最棒不是吗！
但是……
回头
都说了快点啊！
这种时候要马上做决定！所以，照我说的去做吧！
跑进
啊，怎么办呀？
……

没错，夏洛克说得对。这个时候需要果敢地做决定！
好、好吧！
我们回去后再找一找方法吧！
突然
只剩下10秒了！
什么？

快！
9!
8!
啊？
哒哒

7!
啪
6!
呃啊！
一、一起走呀！

5!
4!
哎哟
嗖

绊

1!

嘿咦

呃啊啊啊！

呃呃！

0!

扑

??!!

关上

哼，丢下我走了是吧?

唰

咻
呃啊啊啊！
嗡
嗡

嗖嗖嗖
吭哧
不要妄想我原谅你！
呜呜……
月亮女神！
转身
呜呜
看来月亮女神不会再原谅我了。
太阳神毕竟也是个人啊！
盯
嗯？

一个月前……太阳帝国来了一位客人，拜托我把项链藏起来。

伸出

还说不要把他的消息告诉任何人……

那个家伙，现在在哪里？

我怎么会知道？只是一个月前见过一次面而已。

转
是吗?

他还说如果有人问起他，一定要转达这句话。

他会在“日不落帝国”等着的……
?!

你这个满口谎言的人!
踹
呃啊!
……

嗯……

回头
嗯？

呃啊呀！
哐
当

呃呃呃……

啊，差点忘记说了，还有一句话呢！
恐惧监禁着人类，但希望却可使人重获自由……
什么？

月星螺旋击！
啊！
那是什么意思？

我也不知道啊！反正信息我都传到了！
嗯……
哒哒哒

伊瓜因，我们也快点
回去吧，打开传送门。
知道了。

嘿
哈
啊哈！

唔噢噢！
握紧

卢波哩
呔姆……
唰

迪森哆！
吼

拜托……别做这种没
品味的事情了，直接使
用超能力不可以吗？
吵死了，
我愿意！

哈库呐玛塔塔……
波镭波镭！
呀呀呀
这也是一种
病啊……

打开吧，时空之门！

哈啊
哈啊

呼！总算是按时到达了。
真是太惊险了。

可是最棒要怎么办呢？是不是要告诉爸爸呢？
这，很难说呀。

暂时对博士保密吧，我们几个想一下解决方法……

什么嘛，竟然要保密！
啊啊啊啊！
擦
我最棒！你是怎么回事啊？
什么怎么回事啊，我怎么了？
没、没有……传送枪的时间眼看就要没了，不管怎么喊你都没有回答……
拍打

噗呲 噗呲

啊啊啊啊！

咻

在时空之门关上
前一刹那跳进去。

如果再晚个 0.5 秒
就会出大事了……
就、就是
说啊……
真是万幸啊！

但是，你们这帮人！
不会是想丢下我就
这样回来吧？
突然
什、什么话？
绝对不是！

我们绝对不会抛
弃朋友的！是吧，
朋友们！
当、当然了。
那还用说！
突然
是这样吗？

那么，我们以后会
一直都在一起的吧？
因为是朋友嘛！
当、当然了。
朋友啊……

很好！那么晚上我
请大家吃大餐，因
为我们是朋友嘛。
最棒，你果然是
最真诚的朋友！
指
真没想到！我们
应该对最棒感到
很惭愧啊！
本来是一起走
的，却差点失
散了……

响指
啊哈！

朋友们，我们把去太阳帝国的事情整理成档案怎么样？
档案吗？
嗯？

把我们经历过的事情好好整理一下，以后会很有帮助的。
你们也知道我对推理小说和刑侦小说很感兴趣吧？
根据资料得到的事实是不会有假的！

真的吗？我超喜欢侦探的！
嘿嘿，阿加莎，这个想法太棒了，就像真的侦探一样呢！
什么？

我一定要成为一名帅气的侦探！
你说什么？要成为帅气的侦探吗？

非常好！就
是这个！

我们干脆成
立一个侦探
团怎么样？

震惊
说什么，
侦探团？

是的！成立一个
侦探团解决大家
的案件和事故！
很棒哎！

侦探团的名字
就是……

名字就叫突
击侦探团！
嘟咚

哇啊啊！突击侦探
团？蛮不错的嘛！
就是说！

夏洛克，但是你
应该知道这是
什么意思吧？
呃呃……
尴尬
果不其然啊！

意思有什么大不
了的！好听不就
可以了吗！
所以，大家是
要做，还是不
要做啊？
“ranger（突击）”
是突然攻击的意思！
知道了，
一起做吧！

伸出
很好，大家都
决定了是吧！

向着案件和事故突击吧！

我们是突击侦探团！

就这样，只有名字帅气的少年侦探团，哦不，突击侦探团诞生了！

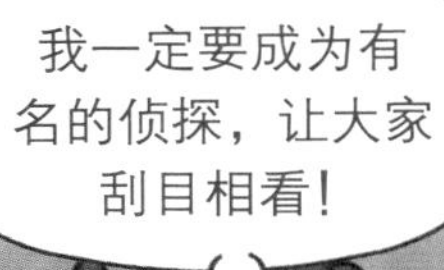

就这样，每个人都各自盘算……

呀呼！
注视

侦探团？哼，果然是一群幼稚的家伙！
呃

罗宾是怎么搞的成了现在这个样子啦？
作者
什么？
呲呲呲
还不是因为伊瓜因创造出来的时空之门有2%的不足之处啊！
呃啊！
作者
是因为罗宾的超能力还远远不足吧！
一边去！
作者
哎哟！
踹

说我的修炼还远远不够，你不也是一样吗？
切……
话说回来，柯莱梅为什么要故意留下线索呢？
好像知道我正在追捕他呢……
柯莱梅所有的犯罪档案也都充满了疑问啊！
破坏宇宙秩序的超级罪犯柯莱梅！我一定要亲自抓到你！
等着吧，柯莱梅！我一定要在日不落帝国抓到你！
握紧

英国——白金汉宫

白金汉宫 *

18 世纪初在英国大伦敦区威斯敏斯特市建立的英国王室的官邸。

柯莱梅这家伙，到底想玩什么把戏？
难说呀。
咳……咳咳……

英国在 19 到 20 世纪维多利亚女王时期建立了从非洲到亚洲的广阔的殖民地范围。

即使在英国的大地上太阳落山了，但远在地球的另一边，殖民地的太阳却还没有落下，因此被叫做“日不落帝国”。

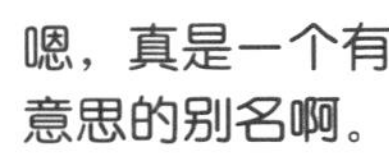

话说回来，已经千里迢迢地来到这里了，现在应该做些什么呢？
左顾右盼
这个嘛，这个我也不太……

你真的没有什么准确的情报吗？你确定你是超能力助理吗？
嗯哼！现在你是在怀疑我的能力吗？
突然
嗯？

发出
？？！！

伊瓜因，你也感觉到了吧？从那个铜像的指尖传来的力量！
是的！这种力量分明就是……

是《真实之书》的力量！

跳起

停

从《真实之书》上撕下来的！

嘈杂
学校
闹腾

阿加莎，我看起来怎么样？
夏洛克，你干吗突然戴帽子？

眨眼
听说侦探们都是戴这种帽子的，所以我也……

朋友们，等一下！
哒哒 哒

把这个分一下，边吃边走吧。
哇，这是我最喜欢的小鱼夹心饼干呀！可是，两边好像裂开了。
来的路上买的，说是两边裂开了，所以便宜卖给我了呢！

这个食物是什么啊？确定能吃吗？
那你别吃啊，臭小子！
就像是裂开了一样。
就算裂开了也没有什么关系啊！

果然，只有华生最可靠了！

咀嚼 咀嚼

哪、哪里，这只是小意思而已。

五块钱给了 7 个呢！而且还送了 3 个。

啊哈哈……
挠来
挠去
实际上是用在马路上捡到的五块钱买的……

好吧。那我就勉强尝一尝，再给你们评价味道！
如果能够符合我的标准，我就给你们买 100 个夹心饼干。先给我一个吧。

嘿嘿嘿
不是说模样令人讨厌吗？
是否符合标准要尝过才能知道啊！
流口水
拜托就让我吃一个吧！拜托！

＊味蕾：舌头表面上凹凸不平的部分，用来感受味道的器官。

哇！真的太好吃了！

我的味蕾＊感受到了甜甜的刺激，现在嘴里满满的都是甜甜的香气！

说什么呢？味蕾？

陶醉

闪亮
不管是来自北冰洋的鱼籽料理，
闪亮
还是东海岸纯净海域的海螺*料理，都不能和这个味道相提并论！
*海螺：栖息在东海岸的纯净海域水深70～130米的地方，以海藻类为食物的鱼类。

呃啊啊！你连这些东西都吃过呀？
鱼？
我是深海鲨鱼！
真了不起
喂，我最棒！你所谓的味道标准是什么，才会觉得这样高级的鱼籽料理竟然比不上夹心饼干？

事实上我吧……最讨厌的就是带有红豆的食物了！
咀嚼

带红豆的食物？

什么？有钱人都是
这样吃饭的吗？
干吗咋咋呼呼的？昨天
晚饭时，为了把饭桌上
带有红豆的食物都挑出
去，浪费了很多时间呢。

什么啊，你们难道
不都是这样吃的吗？五星
级主厨准备的食物难道不
是基本的吗？
让人倒胃口
的家伙……
颤抖
颤抖

你到底一顿饭要
吃多少东西啊？
话说回来，像这样子乱摆
一通，怎么能分辨出哪个
是带有红豆的食物呢？
那我们就把带
红豆的食物和没
有红豆的食物进
行分类吧！

这边是没有红
豆的 6 种食物。
这边是带红豆
的 3 种食物。
呕……红豆！光是
想想就让人想吐！
……

QUIZ **请你把冷的食物和热的食物进行分类，并数一数每一种有几个吧。**

答案在43页

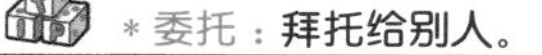
＊委托：拜托给别人。

问题答案 3种，2种

但是大家是怎么知道并且向我们侦探团委托案件的呢？

哈哈，不要被吓到哦！

如今是信息化时代，不是吗？所以上周我一直都在制作侦探团的宣传网页！

哇哦！宣传网页？

在网上搜索“突击侦探团”就可以向我们委托案件了！

外貌华丽的美女侦探会帮助各位彻底地解决全部的案件和事故！

ONE SHOT阿加莎！

但是照片里的人是谁？

竟然做得这么粗糙……如果告诉我的话，交给我们公司的IT* 小组绝对会做得非常棒的！

*IT：开发和管理信息时必需的信息通信技术。

吵死了！这是看不起我一个星期以来努力的结果吗？

发火

对、对不起……

那、那先看一下委托人的邮件吧！

哼！是从英国发来的委托！

是我将来的大学牛津大学的所在地呀！

哎呀，我的传闻已经传到英国了吗？
现在向着世界舞台进军的我最棒……
你这小子！人都已经失踪了！不要再摆架子了！
敲打
呃啊！
首先要见一下委托人，看一下现场！
好的。课程已经结束了，立马就去吧！
To: 突击侦探团
你们好，我是生活在英国首都伦敦的罗斯玛丽。我现在陷入了很紧急的事件中，所以给你们发了这封邮件。我的好朋友琥珀突然不见了。
你们如果真的是有实力的侦探团的话，相信会解决我的问题的。我非常担心消失的琥珀。拜托你们了，快点来。
From: 罗斯玛丽
嘿嘿
嘿嘿……这回是英国吗？
看来要事先联系一下 SS 集团在英国的分公司了。
点开
日不落帝国——英国，我们来啦！
哒
啊啊啊！朋友们，一起走啊！
哒哒

哇！你们成立了一个侦探团，然后接受案件的委托吗？

是的！一个叫罗斯玛丽的人从英国发来了委托函。

英国啊……很棒的地方啊！

北冰洋
大西洋
欧洲
北美洲
大西洋
亚洲
非洲
太平洋
印度洋
南美洲
大洋洲
南极洲
我们生活的地球按照
海洋和大陆被分为四
大洋和七大洲。

英国位于欧洲。
指

哇啊！离我们
非常远啊！应该
怎么去呢？
有传送枪还担
心什么呢？你
就放心吧！

啊哈！是啊！现
在就出发吧！
拿出

给，这个是为夏洛克特别准备的悠悠球。要努力地学习，好好操作呀。
谢谢您，博士！

限定时间是 1 小时！谁也不能落下，大家要一起回来！
好！
绝对不能有人掉队，要一起回来！

啊哈哈
当、当然了！那我们就先出发了！
喔
喔
嗯

呀啊
传送枪！把我们带到——英国！

快点走啦！

制定标准后进行分类

问题 1

我爸爸制造的知更鸟推进器，性能真的很惊人吧？学校停车场内有各种各样的交通工具，现在就根据轮子的个数把它们分类吧！

2 个轮子	自行车		
4 个轮子	货车		

答案在142页

问题 2

猫咪、鹦鹉还有其他的小动物们被认为偷吃了小鱼夹心饼干而被集中在了一起。那么根据动物们的腿的条数把它们分类吧！

2 条腿			
4 条腿			

2 向着日不落帝国——
英国，出发啦！

英国首都伦敦。
哇啊
扎
呃！
啊啊啊！我的屁股呀！
应该很疼吧……
159

降落

哎哟喂……
呃呃呃，下次利用传送枪移动的时候应该想点对策了。每次移动都这样就让人烦恼了。
迷糊
迷糊
哎哟哟哟……好疼呀！

嗯？但是最棒又去了哪里了呢？

最棒在那里。
火辣辣
啊！
最棒！
挂在
哎哟哟……救命啊！
被挂在钟塔的塔尖上了啊。

那不是
大本钟*吗！

大本钟？

* 大本钟（Big Ben）

1859 年建造的英国钟塔。“大本钟”原是在钟塔里的一个巨大的钟的名字，不过后来成为了整个钟塔的名字。钟塔的整体高度是 106 米，而钟表的时针长 2.7 米，分针长 4.3 米。

那么，侦探团现在就出动，怎么样？
好的！
你们让我怎么办！
啊，对了！
咿呀，这个还挺管用的嘛！
呜啊啊
镇定呀，最棒。马上救你！
现在是测试机器的时候吗？刚刚是又要抛弃我走了吗！
要在一个小时以内解决案件。快一点吧！
快点跑！为了救最棒已经过去20分钟了！
嘿嘿嘿！
哒
哒
哒
知更鸟推进器只能使用一次，是一次性的啊……

223 号……应该是这里吧？
咳、咳……

是的，没错！真的到英国来了吗？
美丽
迷住
哇哇哇……Beautiful Girl！（漂亮女孩）
啊啊！
罗斯玛丽（10岁）
朋友琥珀失踪案件的委托人
当、当然了！只要是客户拜托的还有哪里不能去呢！
嗯
嘿嘿嘿
男孩子们可真是……
轻飘飘
你好，很高兴认识你。
轻飘飘

人影
我们没有时间了。
你们找打吗？
对、对不起……
阿加莎。

……
转
Bungeoppang～
Bungeoppang～

看

哦哦哇！甜甜的香气！

快进来吧，这就是我的房间。

嗯

嘻哈

那么，罗斯玛丽，能详细地说明一下案件吗？

是这样的……琥珀失踪的那天，她来我家玩儿，我买来了很多好吃的小鱼夹心饼干……

嗯？英国也卖小鱼夹心饼干？
不知不觉间，成为小鱼夹心饼干爱好者的最棒。

新莫顿（New Malden）有一家甜品店卖小鱼夹心饼干。
新莫顿是伦敦小吃丰富的小城吗？
啊

是的，去那里可以尽情地享受那里的美食。
小鱼夹心饼干果然要从尾巴部分开始吃，才最好吃呀！
啊

噢，美丽的罗斯玛丽，从尾巴部分开始吃说明你是考虑周到而慎重的类型呀！
一下子
我是从肚子部分开始吃的，说明我是男子汉类型。

呀啊啊啊！这么有意思啊！
咳呵
捶
捶

哎哟！我刚刚做了什么事？
咳呃呃……小鱼夹心饼干心理测试上明明说从尾巴部分开始吃的是单纯又文静的类型呢……

但是最近甜品店里都不怎么做小鱼夹心饼干了。好可惜呀！
回味
喵呀
啊哈哈哈……是、是吗？
什么呀，她
扶起
呃呃

这不是很简单的问题吗？
什么？
那个叫琥珀的女孩实在是太喜欢吃小鱼夹心饼干了，所以自己吃完后就偷偷溜走了。
以小鱼夹心饼干爱好者——我的立场来看，是完全可以理解的事情啊。

可恶……那个家伙！如果不是上次那件事早就被赶出侦探团了。

案件现场留下的只有这个空的盘子和……

首先仔细地观察一下案件的现场！

嗯，看美国电视剧《犯罪现场调查》，里面说过所有的案件现场都会有证据留下的。

虽然不知道是
什么，但是留
下了这个纸条。
拿出
“四个人的签名”
大概是犯人想
要说明什么才
会留下的吧。

嗯哼……

除此之外没有
其他的了吗？
啊，琥珀的手机
也留下了。

手机？
拿出

琥珀经常会忘
记手机吗？
不是的，琥珀是那
种手机绝对不会离
手的孩子呀！

呼啊啊啊
琥珀是手机游戏“飞龙骑士”榜单上闪耀的第一名呢！
再加上她是自拍狂，手机不带走的事情绝对不可能发生的呀！
呃啊啊！
琥珀失踪就连小鱼夹心饼干也不见了。
既然琥珀已经申报失踪了，那我们要去找的就是小鱼夹心饼干的行踪……
说什么呢
喂，你什么时候成为小鱼夹心饼干的爱好者，对小鱼夹心饼干那么执着啊？
额
＊所为：已经做过的行为。
那么短的时间内，小鱼夹心饼干也消失了，说明是这个房间里的某人所为＊。
当然不会是罗斯玛丽，那么犯人就是……
??!!
鹦鹉，就是你！
从刚才开始就在费尽心机地偷偷观察我们！
惊吓

*假设：为了说明某种事实而建立的理论。

你真的是小学生吗？
这完全是小老头儿呀！
竟然说我是小老头儿？说话小心点！
指
我和你们这些平民百姓的档次不一样，我的梦想是整个世界！
你们也只是我远大的征服世界梦想中的一小部分而已！

吓一跳
说什么？征服世界？！

不、不是呀！玩笑而已，玩笑！什么征服世界呀……
如今这样的时代说什么征服世界，这是多么不着边际的话啊？！

啊！过于激动，糊里糊涂的！

哆嗦
是啊，现在尽情取笑吧！日后我一定会让你们刮目相看的！
哆嗦
最棒真奇怪呢！
那个，你们真的是侦探团吗？
啊……对不起，对不起……

都到此为止吧！
生气
呃啊啊！

得赶紧解决罗斯玛丽的案件不是吗？我们没有时间了！

知、知道了。现在开始仔细地观察现场。
呼哒哒
是啊，也许还有其他的线索呢！
哎哟！
拿出
哇哦！夏洛克，哪里来的放大镜啊？
所有犯罪现场留下的证据都要仔仔细细看，所以放大镜是必须的！

桌子上面有像毛
发一样的东西！
有

发现
啊啊！桌子
底下也有一
根羽毛！

戴上
为了不在证据现
场留下指纹，特殊
的手套是必须的。
伸出

阿加莎，那个不
就是普通的一次
性塑料手套吗？
吵死了！只要
不留下指纹不
就可以了吗？
如果你告诉我
一声的话，不管多少
箱手套都能提前
给你买好的。

这个毛发好像
隐隐传来熟悉
的香气。
这根羽毛也
有些眼熟。

嗯……

嗯？

生气
……
生气

哼嗯！毛发上的气味和猫身上的一模一样呢。
爪子的模样也和在桌子上留下的印记很相似……
伸出

指
这根羽毛的颜色果然也和鹦鹉身上的一模一样呢。

那么吃掉夹心饼干并且收拾干净的犯人就是……

指出

小黑猫！

太阳锥尾鹦鹉！就是你们！

绝对不会放过你们的！
你这个家伙，站住！
紧追不舍
华生，抓住那个家伙！
咕呜呜！
扑腾

扑腾扑腾
噹噹噹噹
咕呜呜呜！
喵呜！

咳、咳……

你们这些家伙！终于逮到你们了。
罗斯玛丽，关于失踪的琥珀有一些猜测，一会儿再告诉你。
真的吗？

首先要从这两个家伙那里找到事情的真相！
嘻嘻
哈啊？

你们这两个家伙！是你们干的吧？

快点自首！

指

阿加莎，动物是不会说话的呀。

？

喵呜，喵呜！

扑腾

咕……呜呜呜……嘤嘤嘤嘤！

扑腾

这可真是……也听不懂动物们的话啊，真是难堪。

嗯……动物们的话……

#%#%&&!!

啪

对了！使用声音转换程序补丁*就可以了啊！

什么？

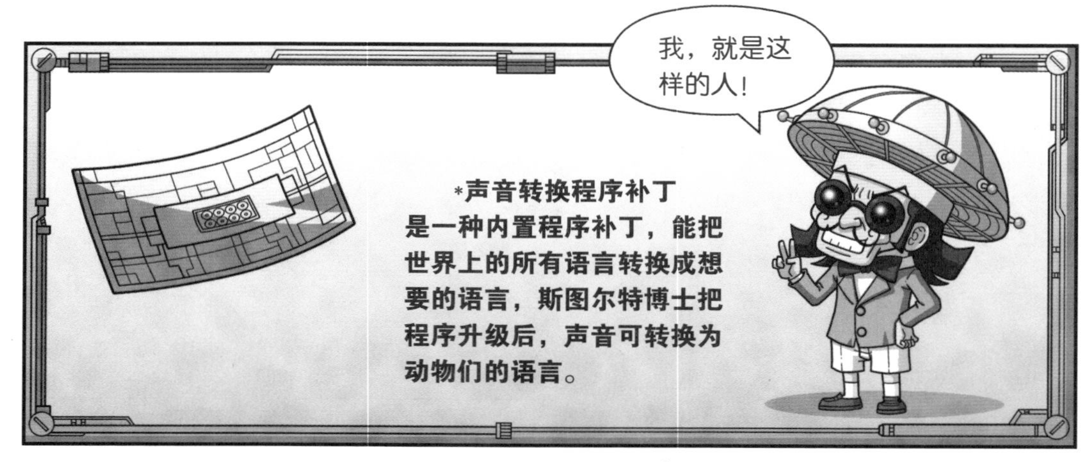

喵？
贴
像这样在动物们的声带部位贴上补丁。
啊？
按
不是我干的，你们这帮傻瓜啊！
可以把动物的语言转换成我们的语言来听。
哇啊啊
哇啊！真的好神奇啊！

* 审问：为了揭开事实而对嫌疑犯进行的调查。

动物语言
翻译器真的已经
发明成功了吗?

桌子底下掉落
的毛发又怎么
解释呢?
这、这个……

那个，好像是
我的头发呀?
什么?

刚才说毛发上
有气味是吧?
那个应该是
我的洗发水
的味道吧。
莎啦啦
切，什么呀!
刚刚还说是
气味呢……
真的吗!刚刚
那个香气!

看吧，都说
了不是我!

那么，桌子上面留
下的猫咪的爪印又
是怎么回事呢?
快道歉!

那个是我的猫咪爪印的手套呀！

好可爱！

咳呵！

噗咻咻

我就说嘛，我的不在场证明*很完美吧？
傲慢无礼的猫咪……
这样看来……犯人就是！

*不在场证明：主张因不在犯罪现场而证实无罪的方法。
也不是我！

不管怎么说猫咪是逃脱了，但是你应该不行了吧！
拿出
是的！我们找到了能让你束手就擒的证据！
什么？

说的是我们坚持的嫌疑犯的“标准”。
小鱼夹心饼干能够随心所欲地吃多少，还是不吃的问题。
嘻嘻
什么呀

哇哇……嫌疑犯的标准吗？好像真的侦探一样！
罗斯玛丽，我们是真的突击侦探团啊！

标准是？
多种东西进行比较或分类的时候，用来做样本的。
例子：
腿的条数、颜色、移动方法等。

如果把物品分为粉红色、蓝色、黄色的话，那么分类的标准是什么呢？ **答案在81页**

(　　　　　　　　　　)

指向
能够吃掉小鱼夹心饼干的只剩下鹦鹉一个了！
等、等一下！我平时都像这样被关在鸟笼里的！
抓住
所、所以说，根本不符合你们制定的标准啊！
呵呵，就知道你会这么说。
嗯？
刚刚你从鸟笼里一下子就出来了，然后又进去了对吧？这说明……
啊啊
鹦鹉的鸟笼没有上锁的装置！
??!!
啪嗒

也就是说，你只要想，就可以在房间里自由地飞来飞去。

咕咚

咳啊！

* 杀死一只知更鸟：哈波·李的小说。

问题答案 颜色

嗯哼……夏洛克，
但是有一点很奇怪。
什么？

鸟笼里面的好
像不是红豆沙
而是鸟屎呀？
你说什么！

让我……
尝一下

嘬

呕
呕呕
呕呕！只是闻一
下味道就可以了，
干吗要吃呢……
啊呕呕呕！
真是鸟屎啊！

那么，掉在桌
子底下的羽毛
是什么？
是啊，这个我
也不明白呢。

那、那个我
来说明。
嗯

我的鹉宝宝本来就很喜欢在家里到处飞来飞去的。
扑腾扑腾
这里、那里都有它的羽毛呀。
鹉宝宝?

还有，对不起……

惊讶
小鱼夹心饼干不见的那天，猫咪和鹦鹉都不在家里的。
你说什么?

那天我妈妈带着猫咪和鹦鹉去附近的公园散步，很晚才回来。

怎、怎么
可能……
猫咪和鹦鹉都
有确切的不在
场证明啊？

啄啄啄
我明明说过不
是我了吧！
呃呃……
哦！

罗斯玛丽，这些应该
从一开始就要告诉
我们啊。这样调查的
方向才能准确……
那个，一开始拜托
你们寻找失踪的琥
珀时，就在委托信
里都写明了啊。

啊，是啊！

是谁啊？把调查
的方向不着边际
地带偏了……
是啊，那
就是……

不就是你吗！不知
怎么的就成了小鱼
饼干的爱好者！
怒气冲冲
哈啊！

都是因为你才一直在浪费时间的！
上次也是你突然消失导致我们浪费了时间！
啪 啪 啪
阿加莎是因为觉得丢脸才会那样，请你理解一下呀。
嗯，知道啦。

拜托！请你准确地观察以后再进行推理！
嘶 嘶
呃，呃
咳……我的首要目标就是无论何时都要妨碍你们的调查……
暗喜

想知道更多关于突然消失不见现象的知识
在140页

分类后数一数

问题 1

突击侦探团利用传送枪到达了机场，机场到处都是寻找行李箱的人。仔细观察一下回答下面的问题吧。

(1) 根据颜色进行分类，并数一数每一种颜色有几个箱子。

颜色	蓝色	红色	黄色
数量（个）			

(2) 根据形状进行分类，并数一数每种形状有几个箱子。

形状	△	○	□
数量（个）			

答案在142页

问题 2 大家对突击侦探团的衣服满意吗？找一找图中做出突击侦探团衣服的面料并且在空格处填上正确的字吧。

①　②　③　④　⑤　⑥　⑦

3 一生的对手，导航仪X登场！

??!!

推

出现

呼……
呼……

你、你到底是谁？

哼哼……我是谁？
只要是有犯罪和事故发生的地方，不管是哪里我都会义无反顾地出现！
啊
哈
最棒的私家侦探——导航仪X！
不是说很讨厌变装的吗？什么？导航仪X？连名字都想好了？
既、既然决定要做就要选一个强势点的啊。
找到华丽的红宝石少女……也就是说已经开始寻找名字叫琥珀的少女喽……
什么啊，这帮家伙怎么也来到了这里？
不好说呀！他们应该不会是来找“真实之书”的吧……
先变装混进那帮家伙里。因为我的超能力有时间限制。
什么变装？这种事情我绝对不做！

因为这帮家伙的突然过来，暗中调查不被察觉是不可能的事情啊！

吵死了！不管怎么样，那可笑的变装，我绝对不答应！

啊，拜托！

啊，都说了就是讨厌啊。

还说很讨厌来着，罗宾这家伙……好像很享受嘛？

嗯哈哈哈！

展开

展开

摆出

哼……看表情就知道是新手侦探团。

你到底是谁？

你说什么？

刚刚不是说了吗！
只要是有黑暗的犯罪发生的地方，不管是哪里我都会义无反顾地出现。我的名字是——导航仪X！
展开
展开
呃啊！
那个……虽然不是很清楚那些，但是你为什么来我家呢？
啊……听说这里有一名叫琥珀的女孩失踪了……
这个案件已经委托给突击侦探团了呀？
啊……这、这个嘛……那样的委托，我通过全世界的网络都可以看到呢！
你说什么？那么你是入侵了我们的网页吗？
啊，差不多是这样吧……
这不重要！当务之急是寻找失踪的琥珀！
委托人呀！你要向我委托案件吗？
摆
完全陷入自己的世界里了。
啊……没错呢！拜托快点找到失踪的琥珀吧！
什、什么呀！那个家伙……

＊超自然现象：和超能力一样无法用日常的经验或理论进行说明的事情。

如果进入黑洞的话会怎么样呢？

那么，琥珀也是这样突然消失不见了……是去了哪里呢？

嗯，人类突然消失不见的原因可能是因为虫洞。

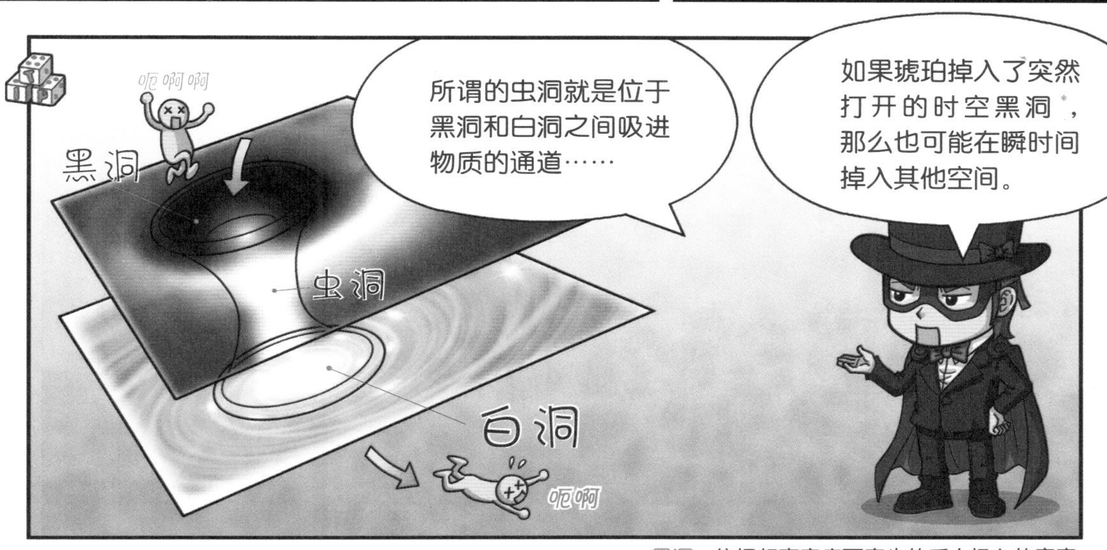

* 黑洞：依据超高密度而产生的重力场上的窟窿。

虽然寻找琥珀的行踪是当务之急，但要先仔细地搜查分析现场留下的证据。

但是，是谁把案件现场搞成这样子？
杂乱

……
啊啊……
指

是一帮完全不知道如何处理案件的家伙呢。
哼！我说！不要再自以为是了！

哼嗯
仔细查看
嗯
发现

嗯……这里
沾有泥土。
泥土吗？

嗯……从这泥土
柔软的程度来看，是
附近有庭院的房子里面
的。还有……
沾

转
嗯？

种子？
百日菊的种子
捏

委托人的家里或
者房间里有没有
种过花呢？
没有啊……我只
养过仙人掌。

原来如此！那么，就是说我捡到的这个花种是从外面带进来的。
再仔细说明一下。

这是百日菊的种子！
拿出

百日菊的花语是朋友之间的友情、友爱的意思。
崇拜
哇哦……太帅了！好认真呀！
切！

根据我的推理，考虑到朋友间的友情。
是想要种百日菊的人来到过这个房间。
有庭院的人家吗？这里几乎家家都有庭院呢。

认为友情很重要的人，因为一些事情进来了……
四个人的签名
拿出
为了告知自己的存在才留下了“四个人的签名”这样的纸条。
嗯……是不是和小区里的四个小伙伴一起玩过呢？
什么？
啊……这个是……
犹豫
犹豫
什么
是的，幼儿园开始就跟小区里的孩子们组成“美女四剑客”，每天都在一起玩耍。

嘻嘻……
果然如此。
那么，美女四剑客的关系最近也很好吗？
嘻嘻
没、没有……从上周开始就没有见面了。因为……
因为什么？

我不是说过妄下结论的推测是破坏逻辑的坏习惯吗！
指出

不是，你是怎么知道的这个台词？

你也看过“名侦探柯南”吗？
说什么呢？

事实上……直到上周为止，我们还是关系很好的美女四剑客呢。

偷看

……

那天也是和和睦睦地聚在安吉拉的家里，一边喝着茶，一边吃饼干……

为了我们四剑客的友情，明天把百日菊的种子种在我家院子里吧。
好啊！
对啦，告诉你们一个我昨天知道的秘密，是关于我爸爸的……
你们觉得这个世界上有没有外星人呢？
外星人？是像UFO一样的东西吗？
哎呀……哪有真正的外星人啊？
我以前也是这样认为的。但是，我昨天偷偷地听到了我爸爸打电话的内容……
地球为了和外星人接触，建有另外的区域。去那边就能和外星人正式见面呢。
我爸爸工作的地方是秘密区域，虽然不能准确地知道位置，听说是叫做area61区域。
琥珀，这样的事情你可以随便就说出来吗？

这，无所谓了啦。反正是爸爸的事情。安吉拉，你也说一件有趣的秘密来听听吧。

嗯……有趣的秘密吗？

啊，对了！这是关于我妈妈的秘密……

我妈妈被严重的便秘所折磨！

咳呵

用力

强忍

噗……哈哈哈！

哈哈

阿姨那么胖居然是因为便秘。

啊哈哈哈！哎哟，我的肚子！太好笑了！

罗斯玛丽，够了！

安吉拉，真是太好笑了！

哆嗦 哆嗦

我妈妈的事情就这么好笑吗？

糟了……

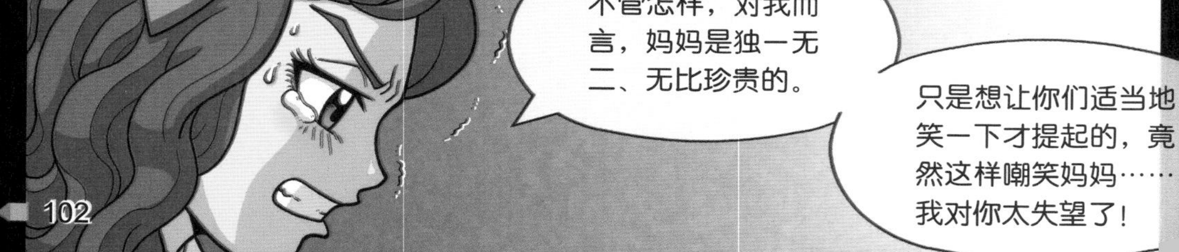

我要回家了!
那个，安吉拉，等一下!
啊?
啊啊……
那是最后一次见到安吉拉了，虽然只是3天之前……
我觉得自己有一些过分，想要道歉，所以才买了小鱼夹心饼干，想要叫琥珀和安吉拉一起来……
嗯哼……那么小鱼夹心饼干本来是想要和安吉拉一起吃的吗?
是的……

听了罗斯玛丽的话，好像找到了一些线索*呢！
什么
真的吗？
*线索：对于发生的事件能够解开的开头。
是要和朋友们一起在安吉拉家的院子里种百日菊吧？
是这样的。
啊！导航仪X找到的种子就是百日菊啊！
再加上安吉拉正在生罗斯玛丽的气。
整理一下思路的话，就是这样。
安吉拉在事件发生以后，想要和罗斯玛丽理论这件事。
因为是好朋友，所以不用罗斯玛丽开门也能直接进来。
罗斯玛丽，你在家吗？
打开

在没有任何人的房间里，安吉拉进来看到了桌子上的小鱼饼干。

那时罗斯玛丽正好去了洗手间，而琥珀也消失了。

安吉拉想要让罗斯玛丽饿肚子的想法一下子涌上来。

咽口水

所以，把那里的小鱼饼干全部……

拿走

使劲塞进嘴里逃走了。但是匆忙之中口袋里的百日菊种子掉了出来。

呼哒哒哒

唉！真是与“侦探团”名不符实的糟糕推理啊！

你说什么？

啊啊……不可能是这样的！

我明明锁上了玄关门，所以任何人都不可能进来的！

那么，那个门是通向哪里的呢？

那是通向阁楼的门。最近不怎么使用呢……

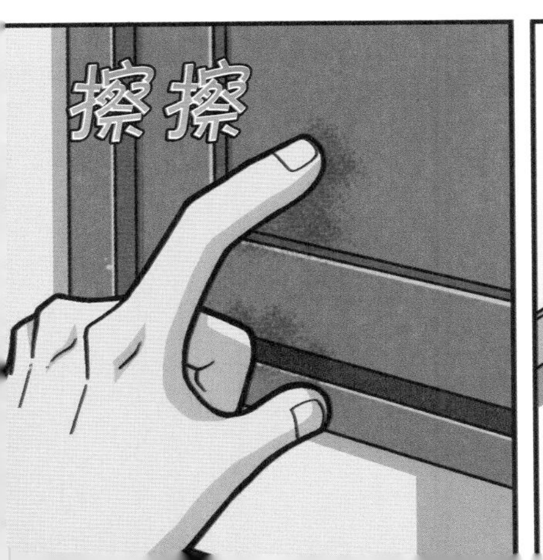

和刚刚箱子底
下粘的泥土是
一样的。
伸出

啊！难道……

是的，嫌疑犯就
是通过这个门从
外面进来的。

但、但是怎
么可能？
这个门不是和
阁楼连接在一
起的吗？

剩下的还是
直接听本人
解释吧！

抓住

啊啊啊！
就是安吉拉本人！
啊！
猛然
啊啊！

安吉拉……
你怎么会在
这里？

先、先出来吧。
爬出
谢谢。

对不起，罗
斯玛丽……

当时听到委托人
说玄关门锁上的
时候想到的。

使劲
再用点劲儿，
安吉拉！
呃呃啊……

那么通过那边的
门，外面的人是不
是可以进来呢？
啊啊啊！
摔倒

啊啊啊……我的
腰……我的腿！
没事吧，安吉拉？
你最近长了一些
肉，所以……

再加上刚才靠近门
的时候隐约听到了
门后微弱的呼吸声。
罗宾，那个
门后有人。
是吗？

那么，快点解
释一下吧！
是怎么通过阁楼
藏在连接的门后
面的呢？

这个嘛……

我们家的院子和
罗斯玛丽家的院
子是连在一起的。
所以只要想翻就
能翻进罗斯玛丽
家的院子。

用院子里的
梯子可以爬
到屋顶……

屋顶上有一个
通向阁楼的小
通风口。

是通过那
里进来的。
是小时候和罗斯玛
丽一起玩的时候常
常会用的方法。
安吉拉……

但是，有一点
很奇怪呢？

那个通风口非常小
呢，我们都长大了，
不可能轻易进去啊？
什么？

我和安吉拉的个子超过120 厘米的时候就已经进不去了呀！现在我们的身高是 135 厘米……
啊啊，那个是……
小鱼平！小鱼平！好好吃！
嗯？
小鱼平好好吃！好吃的话就多吃点！
爬出
安吉莉卡
（安吉拉的妹妹，5 岁）

如果标准身高是 120 厘米，
谁能通过通风口呢？

安吉拉	安吉莉卡
身高是 135 厘米 不能通过通风口	身高是 100 厘米 能通过通风口

啊哈！当能否通过通风口的个子标准是 120 厘米的时候，虽然安吉拉不能过去，但是安吉莉卡却可以呢。

有一道高度如下图的小门，把可以通过这道门的动物和不可以通过的动物分一下类吧！ **➡答案在117页**

??!!
吃手

安吉拉，好像还有一件事情没有解释啊？
嗯

我们已经发现你掉落在桌子底下的百日菊种子了。
在阁楼偷偷藏起来，我们的话你也已经都听到了吧。
都说嫌疑犯一定会再次回到犯罪现场呢。

伸出
事实上百日菊种子是安吉拉掉下的这件事……
只不过是我们听过委托人的话以后的推测而已。
完全沉醉在侦探游戏中了呀……

摆
出
在确定胸前的
徽章之前……
指
啊！
这个徽章，明明就是
花的模样的，现在叶
子只剩下三片了呢。
拿出
再加上叶子的模
样，和这个百日
菊种子一模一样。
啊啊，是
的呢……

你很晚才意识到在犯罪现场留下了徽章的叶子……

为了找这片叶子，所以才偷偷地进来！

指向

啊啊……

怎么会！安吉拉你竟然……

问题答案 小狗，鸭子，兔子／长颈鹿，熊

不是安吉拉干的！

安吉拉虽然到房间里来了，但是和琥珀失踪的事情没有任何关联！

也就是说和小鱼饼干也没有任何关系。果然脑子不好使的孩子们完全找不到感觉嘛……

什么？这怎么可能呢？

我说……叫导航仪 X 还是什么的家伙！

虽然有很了不起的观察力和推理能力，但是你完全猜错了一件事情！

火花

你说什么？

哼！小毛孩一个竟然说我的推理有错误的地方？
安吉拉进入过这个房间也掉了徽章，这部分是事实。
发现

但是，凭这一点就可以认为是安吉拉偷走了小鱼饼干吗？
你说什么？

这个房间不只是有安吉拉一个人进来过吧？
是的，这个房间不只安吉拉一个人进来过。如此说来难道是……

没错，嫌疑人就是……
嘻嘻

哒哒
哒哒
就是安吉莉卡！

惊
你说什么？

抱起
我也有这个年纪的妹妹，所以很清楚小孩子的口味。
这个小家伙只要是甜甜的东西就都会吃掉。

安吉莉卡，是你吃了小鱼饼干吗？
小……鱼……饼干，好好吃呀！
吃吃

难道……小鱼平就是……

唰唰
是小鱼饼干的意思吗？
我已经知道了呀！

安吉拉，关于这期间的事情现在能给我们讲一讲吗？
呼哒哒
姐姐……

安吉拉，真的是安吉莉卡把小鱼饼干都吃光了吗？
这、这个……

按照那个侦探少年的话。
吓一跳
是什么呢？

和你吵架之后的第三天……
从学校回来以后，安吉莉卡突然不见了。
啊啊？

安吉莉卡，
站住呀！
安吉莉卡好像是
想起去你家阁楼
玩的事情吧！
往阁楼的方向去了。
虽然想要追上她，
但是不能像以前一
样轻易地进出了。
安吉莉卡打开玄关
门以后好不容易进
去了。到了以后却
发现……
噫啊……
10 个小鱼饼干每个
都被咬了一口，没
有办法我就都吃了。
真的对不起，
下次我一定
会买的……
对不起什么呀！
我伤了你的心
才对不起呢。
抱住
呃啊啊！
不是的！是我
对不起你！
不是，不是
的……是我
对不起！

嗯……消失的小鱼饼干真的好好吃。
哇！因为夏洛克，事情解决了呢！
重要的不是小鱼饼干消失的事情！
哼！案件没有明确的物证，只凭主观判断就想要解决！还是差得远呢，小孩子们！
你说什么？什么叫只凭主观判断？
唉，凭借我天才般的大脑解决了案件，那个叫导航仪X还是什么的人有些嫉妒了呢！
握紧
小鱼饼干只是诱饵案件而已！真正的是琥珀失踪案件！
知道失踪琥珀行踪的目击者就在这个房间！那就是——琥珀的手机！

手机？
震惊

哼！难道手机还会自己录下当时的情况吗？
没错，罗斯玛丽不是说过琥珀喜欢手机游戏和自拍吗？
这样的孩子就是去洗手间或者在床上躺着的时候手机也不会离手的。

所以说？
罗斯玛丽去洗手间的时间不过 2 分 30 秒而已。
刚才罗斯玛丽明明说自己要去洗手间的时候，是琥珀正好想要自拍的时候。

最近和食物一起自拍不是很普通的事情吗？而且还是第一次见到的小鱼饼干……

不会吧？那么说就是……

现在才知道吗？琥珀留下手机走了就说明琥珀是突然消失不见的……不管是突然消失不见还是其他的原因，消失的那一瞬间……

如果正好在自拍的话，当时的情况就会被拍到相机里！

拿出

怎么可能？

咳呵呵呵……

又在自拍吗？我先去一下洗手间。

转身

好的，去吧！

今天要试一试新的 20 张连拍功能！

拿出

嗯？

啊啊！

呃呃哦！
掉落

消失

镜头

咔嚓 咔嚓

哇哦哦！好帅啊！夏洛克！
哪里！小菜一碟……
赶紧看一下手机的照片吧。

按按
很好！

出现
有画面了！

咦？
有点期待呢！
干吗呢！赶快打开相册啊。
呃呃
那个……
手、手机有密码。
流汗
什么？
怎么可能！现在该怎么办？
怎么可能！眼前就有决定性的证据，但是却打不开手机！
夏洛克碰到了能力的极限！果然装作了不起，最后都会很丢人呀！
呃啊啊

对分类的结果进行描述

问题 1

今天突击侦探团的朋友们要来我家玩儿，我想要让大家看见一个干净整洁的房间，因此需要整理一下呢。请大家帮帮我吧！

根据衣服的类型进行分类，然后数一数每种有多少件吧。

种类	上衣	下衣
个数（件）		

答案在142页

问题 2

为了遵守约定，我给朋友们买了好吃的，并对大家喜欢的食物进行了调查，请回答下面的问题。

（1）根据喜欢的食物分类后数一数个数。

食物	披萨	炸鸡	鱼豆腐	蛋糕
人数（名）				

（2）看一下分类的结果，对的用○，错的用 X 表示一下吧。

①食物是根据颜色而进行分类的。　　（　　）

②大家最喜欢的食物是披萨。　　（　　）

③大家最不喜欢的食物是鱼豆腐。　　（　　）

故事教学问答题

故事 1 制定标准后进行分类

罗宾和伊瓜因为了练习魔法去了公园。公园的停车场里有各种各样的交通工具。

1 像罗宾一样根据轮子的个数进行分类吧。

2 个轮子	摩托车	
3 个轮子	三轮自行车	
4 个轮子	公共汽车	

2 像伊瓜因一样根据颜色的不同进行分类吧。

黄色		
红色		
蓝色		

答案在142页

夏洛克和阿加莎一起去了动物园。

动物园里的动物们已经分好了类。

3 动物们的分类标准是什么呢？……………………………（　　）

①尾巴　②颜色　③生活的地方　④眼睛的个数　⑤腿的条数

4 像华生一样根据移动的方法对动物们进行分类吧。

用腿移动	
用翅膀移动	

5 朋友们在演奏不同的乐器呢。根据乐器的演奏方法进行分类，把朋友们的名字写下来吧！

演奏打击乐的朋友	
演奏管弦乐的朋友	

故事数学 问答题

6 几位朋友正在讨论班级图书角书的分类问题，谁说得最正确呢？

（　　　　　　　　）

故事 2　分类后数一数

夏洛克把在学校个人物品箱子里的东西都拿出来了。
路过的华生和阿加莎想要和夏洛克一起按照形状进行分类。

7 三个人分类后的物品数量各自是多少呢？

夏洛克（　　　　），华生（　　　　），阿加莎（　　　　）

答案在142页

8 最棒想要买玩具，这些是他钱包里的钱。根据纸币面值的大小分类后数一数每种有多少张吧！

面值	1.00 元	5.00 元	10.00 元
数量（张）			

阿加莎给朋友们看了自己的衣柜。阿加莎衣柜里面有各种各样的衣服和鞋子。

9 将各种各样的衣服分类后数一数吧。

衣服的种类	上衣	裤子	裙子
数量（件）			

10 将各种各样的鞋子分类后数一数吧。

鞋子的种类	运动鞋	皮鞋	凉鞋
数量（双）			

故事数学 问答题

故事3 对分类的结果进行描述

11 阿加莎调查了一下班里的同学喜欢的水果，请回答下面的问题。

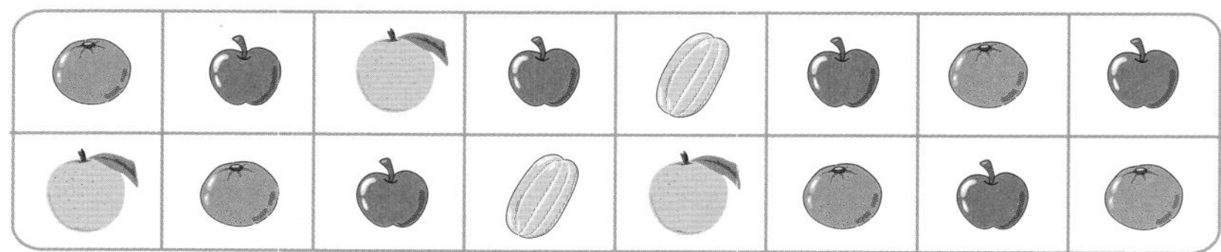

(1) 根据每个人喜欢的水果种类分类吧。

水果	桔子	苹果	梨	香瓜
小朋友人数（名）				

(2) 小朋友们最喜欢的水果是什么呢？

（　　　　　　　）

(3) 小朋友们最不喜欢的水果是什么呢？

（　　　　　　　）

(4) 从小朋友们最喜欢的水果开始排一下顺序吧。

（　　　　　　　）

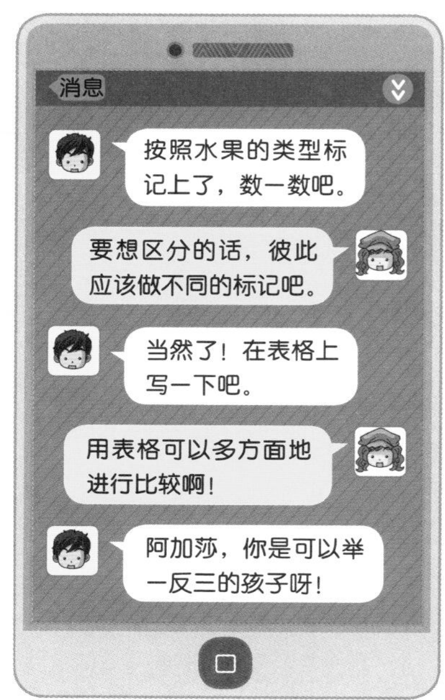

答案在142页

朋友们在聊每天刷牙的次数呢。

罗宾是一天刷 3 次牙哟。

12 写下刷牙的次数比罗宾少的朋友们吧。

(　　　　　　　　)

最棒带着朋友们一起去了小吃店。小吃店里的菜单已经按照种类分好了。

13 和酸辣粉属于同一种类的包括酸辣粉在内一共有几种呢?

(　　　　　　　　)

14 把小吃店的食物分类后数一数，哪类食物最多呢?

种类	小吃类	面条类	饭类
食物的数量（个数）			

(　　　　　　　　)

1 小兔子多多想要顺着箭头指向的方向走，并收集到所有的胡萝卜给小兔子小花。请你为它画出正确的路。（已经走过的路不可再走。）

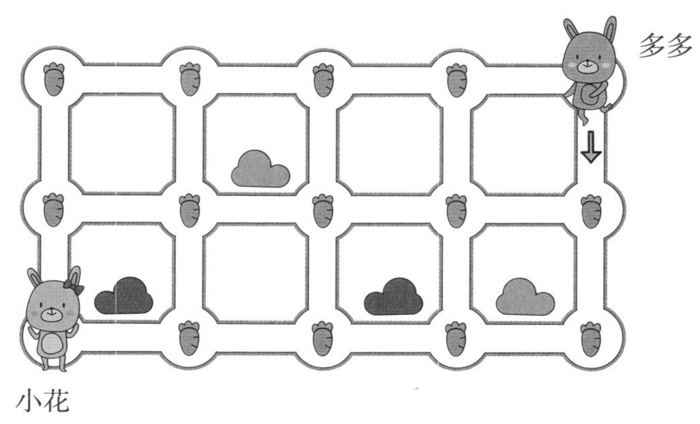

2 小刚想要顺着箭头指向的方向走，并收集到所有的花送给小明。请你给他指出一条正确的路。（已经走过的路不可再走。）

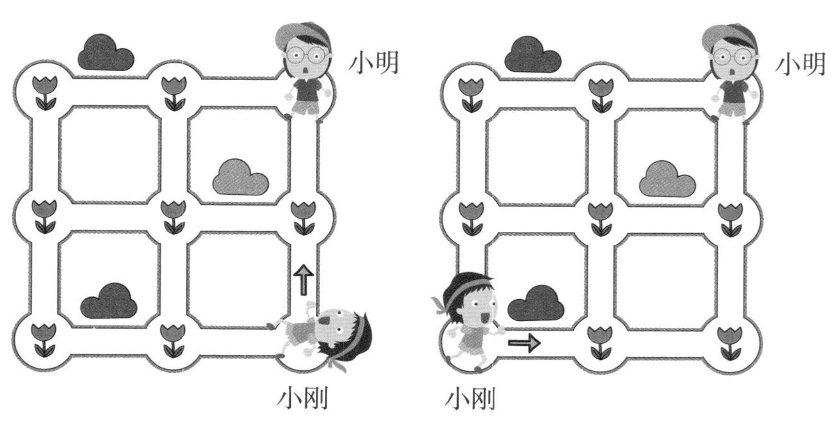

3个以上的话就通过测试啦！

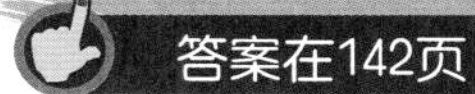

3 小红想要顺着箭头指向的方向走，并收集到所有的花送给小宇。请你给她指出一条正确的路。（已经走过的路不可再走。）

4 梅梅和小雷想要顺着箭头方向回到自己的家里，并想要把种下的花全部都带回去。请你按照箭头的方向给他们指出一条正确的路。（已经走过的路不可再走。）

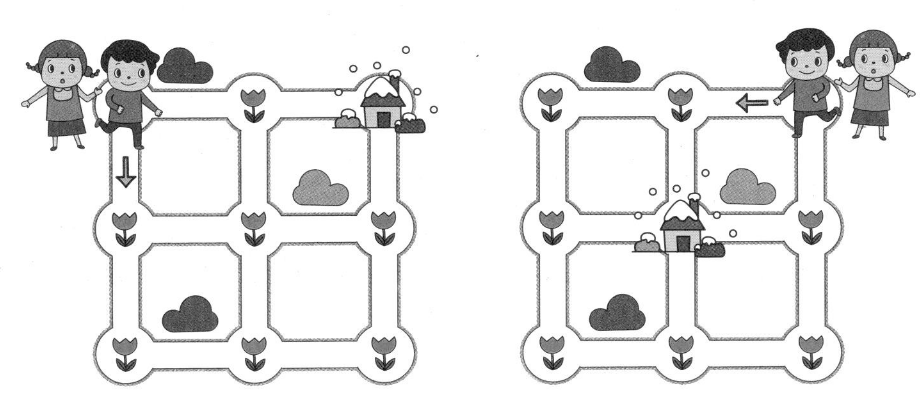

数学

知识百科全书

· 杜威 十进制图书分类法

书店从开始进入大型化，到摇身一变成为综合的文化空间场所时间其实不长。大型书店比一般的图书馆拥有更多的图书，实际上人们也认为图书馆和大型书店里的图书都是以同一种方式进行分类摆放的。当然这两者的陈列方式都是为了能够有效率地管理更多的图书，并且让人们能够轻松地找到自己想要的图书。但是，因为书店以追逐利润为主要目的，所以图书的陈列方式会和图书馆有所不同。

小的图书馆也有着数万册的藏书，大的图书馆更是有几十万册的藏书了。为了让人们能够更加便利地使用与查找图书，则需要更加合适的分类方法。

在图书馆书架上摆放着的图书全都贴有自己的名牌，猛然一看就好像暗号一样复杂，但实际却是一种可以更加便利地查找的分类方法。

1876 年美国的麦尔威 · 杜威为了将图书进行分类发明了杜威十进制图书分类法（DDC），这是现今世界上使用最广的图书分类法。

DDC 按主题分类	
000	百科字典
100	哲学
200	宗教
300	社会科学
400	自然科学
500	技术科学
600	艺术
700	语言
800	文学
900	历史

杜威十进制图书分类法如左图所示，用数字对图书进行分类。从 000 开始到 900 分为百科总类、哲学、宗教、社会科学、自然科学、技术科学、艺术、语言、文学、历史等，并且每一个项目都有更加细化的分类方法。

但是随着图书的种类越来越多，用 10 个数字进行分类有些困难，渐渐地人们也在寻找其他的分类方法。现在我国的图书馆使用的是中国图书馆图书分类法，这是为了适合中国的情况而做出的调整，和其他国家使用的会有所不同。

各位，事物或者人突然之间消失不见的现象，前面已经简单的说明了吧？
一起来了解一下具体有哪些事件吧！

1587 年，发生在美国的北卡罗莱纳州罗阿诺克岛上的事件。

为了在岛上定居下来，收集供给物资，引领着移民者们的怀特决定暂时离开了大陆。
航行
我会回来的！

此时英格兰和西班牙之间恰好爆发了战争，所以怀特的船无法返回。
砰
砰

3 年后，出现了让刚回来的怀特无比震惊的现象。
喂！我回来啦！

这个岛上约 110 名居民全部消失不见了！
冷清
怎、怎么可能……大家都去哪里了？

这个就是突然消失现象中最有名的一件事情。
发现
CROATON
这个字迹是什么？CROATON？

另一个神秘的事件就是关于 1940 年美国的 Brake 号的事情。
那个军舰是最新型的，船上载有 45 名船员……

出发 5 小时以后 Brake 号就失去了所有的联系。
船鸣声
5 个小时之内？

同一天下午 8 点的时候，Brake 号再次出现了，但是船好像经过了百年的时间一样破旧不堪。
破旧不堪
啊！那个是什么啊？

更令人惊讶的是，船上的 45 名船员全都变成了头发花白的木乃伊。
不过是 5 个小时竟然变成了木乃伊……
这是怎么回事？

1945 年，从德国出发的一架飞机在大西洋上空突然消失，35 年后再次在机场着陆。
这个飞机里面的人都变成了白骨。
咕呜呜
什么？到底是哪个星球的家伙们干的？

神秘的突然消失现象至今为止仍旧无法解释。
唉啊啊啊啊
不、不会是被吸进黑洞去了吧？
也有人说是受到了外星人的拷问……我们才不做这种事情呢！

答案与解析

第1讲 练习题 48～49页

问题1 摩托车/小轿车，公共汽车

问题2 鹦鹉，企鹅/猫，狗，长颈鹿

第2讲 练习题 86～87页

问题1 （1）5，3，5 （2）4，4，5

问题2 犯人是安吉莉卡

解析

1 （1）蓝色：背包2个，行李箱3个
红色：背包1个，行李箱2个
黄色：背包2个，行李箱3个

第3讲 练习题 128～129页

问题1 7，3

问题2 （1）3，2，2，1
（2）① × ② ○ ③ ×

问答题 130～135页

1 （从上往下）滑板、婴儿车、小轿车

2 公共汽车、滑板/摩托车、婴儿车/小轿车、三轮自行车 3 ⑤

4 狮子、兔子、大象、长颈鹿、鸵鸟/鹦鹉、麻雀、鸽子

5 夏洛克、最棒/华生、阿加莎、罗宾

6 安吉拉 7 2个，3个，3个

8 5，3，4 9 7，5，6 10 3，4，2

11（1）5，6，3，2（2）苹果（3）香瓜
（4）苹果、桔子、梨、香瓜

12 夏洛克、华生 13 5种

14 3，5，7/饭类

解析

1，2，4，5，7，8，10，11 略。

3 夏洛克把4条腿的动物分为狮子、兔子、大象、长颈鹿和把2条腿的动物分为鸵鸟、麻雀、鹦鹉、鸽子了。

6 《三国演义》不是字典，数学习题集也不是童话书，所以说法正确的是安吉拉。

9 根据衣服的种类进行分类并计算，上衣是7件，裤子是5件，裙子是6件。

12 比刷3次牙的次数还要少的是夏洛克的1次，华生的2次。

13 和酸辣粉一样的种类包括日式拉面，酸辣粉，重庆小面，担担面和牛肉拉面共5种。

14 小吃类有3种，面条类有5种，饭类有7种，所以最多的是饭类。

头脑智力王 136～137页

1

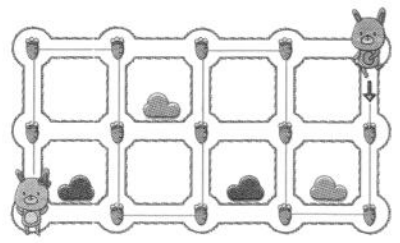

2

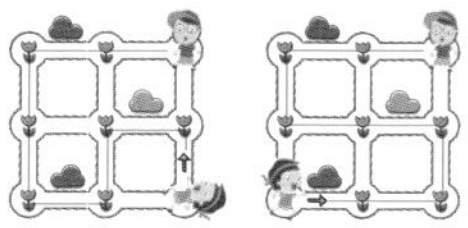

3

4

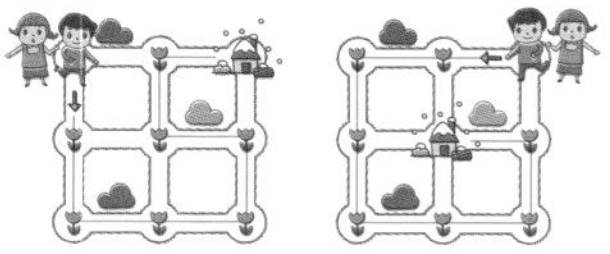

冒险岛语文奇遇记 读者群：6~12岁　开本：16开

◆ 韩国小学生中人气超高的学习型漫画系列，经久不衰

◆ 通过漫画内容，让汉字学习更轻松、更有趣、更扎实

◆ 每本收录100多个汉字，由易到难，分册学习，让汉字学习更加系统化

◆ 通过图画和练习题，轻松理解汉字语义

◆ 读看写相结合，让孩子能够主动记忆

◆ 本书采用了汉字自动记忆体系，即五步学习法

《冒险岛语文奇遇记》融合了幻想、幽默、战斗、友情等元素，带给孩子一场搞怪逗趣的奇幻大冒险！是能够让小学生轻松有趣学习语文知识、识记汉字的学习型漫画。在冒险岛主人公的故事中，自然而然地认知生字。而且，漫画和主人公对话相结合，对汉字进行解释，可以达到更好地学习效果。跟哆哆一起来冒险岛探险吧！

第一辑共5册
定价：149.00元

第二辑共5册
定价：149.00元

第三辑共5册
定价：149.00元

第二辑共5册
定价：149.00元

第一辑共5册
定价：149.00元

学习漫画系列丛书

九州出版社
JIUZHOUPRESS

图书在版编目（CIP）数据

冒险岛数学神探 . 3 / 杜永军著绘 . -- 北京 : 九州出版社，2019. 2

ISBN 978-7-5108-7911-1

Ⅰ . ①冒… Ⅱ . ①杜… Ⅲ . ①儿童故事—图画故事—中国—当代 Ⅳ . ① I287. 8

中国版本图书馆 CIP 数据核字 (2019) 第 029646 号

本漫画的主人公叫夏洛克。

夏洛克这个名字，取自历史上最有名的侦探小说《福尔摩斯探案全集》的主人公**夏洛克·福尔摩斯**（Sherlock Holmes）。

这部由英国推理小说家亚瑟·柯南·道尔所写的推理小说，从出版到现在已经过了 100 多年，仍旧被世界各地的人们所喜欢。

以夏洛克对手身份登场的神秘人物宇宙少年罗宾——他的名字也是取自跟福尔摩斯同一个时代出版的莫里斯·勒布朗的人气推理小说《亚森·罗宾探案集》。有趣的是，夏洛克是抓捕犯人的侦探，而罗宾则是个小偷，但和一般的小偷不同，他的外号是“侠盗罗宾”。

本漫画还有一位主人公阿加莎。不同于前面两个人，她的名字来自一位真实的小说家。

英国推理小说家**阿加莎·克里斯蒂**（Agatha Christie，1890 ~ 1976），被誉为推理小说女王。她小说中的“赫尔克里·波洛”，是一名实力不亚于夏洛克·福尔摩斯的名侦探。

好了，现在我们就和这三位主人公一起，开始有趣又刺激的冒险之旅吧！

出场人物

▶**阿加莎**（小学1年级）

不折不扣的女汉子性格，不管什么事情都会挺身而出，不过经常处理得有些过头。

◀**夏洛克**（小学1年级）

性格冲动又特别随性。虽然有着超越常人的大脑，但不易被人看出，甚至给人有些笨拙的感觉。

▶**罗宾&伊瓜因**

行星纳土拉星球贝丽塔斯王国的王子。接受国王的命令，到地球上搜捕宇宙罪犯柯莱梅。伊瓜因并不是罗宾的宠物，而是堂堂正正的外星人助理。拥有了不起的超能力，同时也是罗宾忠实的人生导师。

▶六角恐龙

来自宇宙昴宿第六星团的外星人，正式名称为美西钝口螈 Z-11，与伊瓜因是远房亲戚。

▶歌德

德国武器公司——CH 茵普拉赫布公司老板的儿子，也是一名独自在公园表演唱歌的流浪歌手。

◀华生（小学1年级）

夏洛克的好朋友，沉着冷静，考虑周全。和夏洛克的冲动性格互补。他像夏洛克的影子一样，在夏洛克遇到困难时为他提供建议，给予帮助。

▶我最棒（小学1年级）

跨国公司 SS 集团的继承人，总是一副富家子弟的作派。所以给人的第一印象非常不好。传说，只要和他对话一分钟，就会让人的心情变得糟糕。

◀列支敦士登博士

CH 茵普拉赫布公司融合科学领域的最高权威人物，也是一位科学家，从小看着歌德长大。

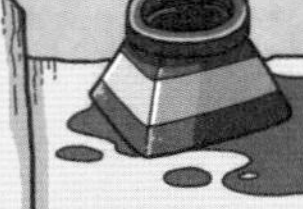

前情回顾

夏洛克与突击侦探团的其他成员为了寻找失踪的琥珀来到英国伦敦，从美丽的委托人罗斯玛丽那里了解到事件的原委，大家努力寻找线索，但事件始终没有进展。这时，导航仪 X（罗宾）出现在他们面前！在夏洛克与罗宾的紧张竞争下，案件渐渐明朗。拥有声控仪等先进科技产品的突击侦探团，能否安全找回琥珀呢？

目录

3 表格与图表的运用

揭开UFO的秘密

学习内容 [表格与图表的运用]

调查资料，要从搜集信息开始。

根据学生们的兴趣爱好查找一些实际的资料，会对学习有很大的帮助。

在确认资料的过程中，学生们将带着兴趣参与并解答问题。在调查资料的过程中，将他们的问题具体化并整理出来，也是一个很有价值的过程。

图表是整理资料的工具，有助于理解其他人调查的资料。拥有理解并解释各种图表的能力，对学习数学来说是很重要的。

黑盒2

1 琥珀失踪案的内情

啊啊！怎么办，没法解锁的话，就看不了手机了啊！
是呀！
虽然可以到代理点或联系手机厂商帮忙解锁，
但是这些都需要手机主人的确认，所以应该是行不通的呢。
笑
哈哈，这个我来解决！
什么？

小朋友注意哦，随便获取别人个人信息可是不对的哦。

既然都弄到锁屏密码了，就先拿过来吧！

哇塞！这又是什么？什么密码弄得这么复杂啊？
Pattern recorded
乱

喂，我最棒！你快说啊，你到底是怎么弄到的呀！
那、那个啊……就是那么弄到的呗。
阿加莎，先帮我拿一下这个。
天啊！

好啦，华生，不是多亏我最棒才弄到锁屏密码的吗？
即使能弄到私人信息，也不至于是为了做坏事吧，比如征服世界什么的……
惊吓！
是、是吗？

啊！终于打开手机界面啦！
亮

我点
12:18

哇呜！终于！我们要拿到案子的核心钥匙啦！

嗯！不是这个，
也不是这个……

滑动 滑

找到啦！

这个，就
是这个！

＊贝尼辛格现象：人或物品异常消失的超自然现象。

是空间移动。

什么？空间移动？

哼，什么嘛？不就是我刚刚说过的贝尼辛格现象＊吗？

什么？

＊黑洞：是现代广义相对论中，宇宙空间内存在的一种天体。

我说你有没有好好看过照片！虽然有过空间移动的痕迹。

但不是因为忽然出现的黑洞＊，而是因为人为弄出来的时空门导致的！

口水横飞

＊虫洞：是宇宙中可能存在的连接两个不同时空的狭窄剖隧道。

没想到除了斯图尔特博士，竟然还有会使用传送技术的人……

不会是有外星人来过吧？
呃！
怎么可能有外星人啊？那都是假的！

哪有外星人啊？不像话！
你怎么出这么多汗啊？热就把斗篷脱了呗。
发光
外星人！难道说琥珀真的是被外星人绑架的吗？
没有说是外星人，只是有人空间移动了。
？

呃呃！

哎呀！

哐当

琥珀！

嗯？

琥珀！你到底去哪儿了啊？两天了，你都在哪里，干什么去了啊？
抱住
呃呃呃！罗、罗斯玛丽，你怎么了？

你怎么突然就消失了呢？你知道我有多担心你吗？你到底去哪了啊？
摇摇
晃晃
啊啊！
晕乎乎
晕乎乎
你到、到底是在说什么啊？我只是在拍照片时，打了个瞌睡而已啊。

你说什么？

*神秘：使人摸不透的；高深莫测的。

嗯？
嘀铃铃

这么快就到了要回去的时间了。
啊？这么快？
拿出

你们要回去了？你们至少应该给我们讲一下琥珀失踪案的原委啊！
啊啊……

这、这个……

既然琥珀已经回来了，案子不就算是解决了么？
对啊对啊！琥珀安安全全地回来了，不就好了吗？
什么？
倒

＊超自然：属于自然界以外的，即对现有科学知识不能解释的神秘现象。

呃啊……

跳

喂！你真是的，吓我一跳！

起身

小孩子侦探团错乱的推理真的是让我见识到了呢！

真不应该跟你们浪费时间。

你说什么？弄错的人到底是谁呀？

崇拜
天啊！导航仪 X
跳出窗外了！
不会吧！跳出
窗外了。
啊！他叫导航仪 X？
名字好帅啊！
阿加莎，怎么
连你也这样！

真谢谢你们，
还亲自过来帮
我找琥珀！

我不会忘记你们
为了找我的朋友
而付出的努力。
真、真的吗？你
能理解我们吗？

来！
伸手

你叫夏洛克是吧？
希望你能成为优秀的侦
探，破解更多的案子。
谢、谢谢你，
罗斯玛丽！

啊啊啊啊啊！
呃呃呃！
啊！怎么能这样！
罗斯玛丽，我呢！
我也要，我也要！
呃啊啊！不要，不要，不要！
呃，用不着这样吧？只是开玩笑而已啦！
罗斯玛丽！谢谢你的鼓励！
我会成为更厉害的侦探。啊，不对，我会成为更帅气的侦探，将来解决更具有挑战的案子！
嗯，我会为你们加油的。
夏洛克！只剩1分钟啦！
什么？

拿出

罗斯玛丽！那
我们回家啦。

回去？从这里
怎么回家啊？

出来吧，
时空之门！

开火！

冒出
？
打开
怎么回去嘛……就是这么回去！
通过空间移动的门。
什么？
你说空间移动？你们不是说贝尼辛格现象是超自然现象吗。
跳
超自然现象，也可以因科学的力量而实现的哦！
虽然不可思议，但这是真的哦！

不是说了吗？我们是穿越时空的突击侦探团哦！

跳进

一下子

真不敢相信！没想到真的可以空间移动！

天、天啊！

嗯

虽说贝尼辛格现象是超自然现象，但突击侦探团竟然是通过空间移动来的。

听说我爸爸也在研究这项技术呢。

虽然不太清楚具体是什么技术，但好像说是有关于外星人的。

什么？**是真的吗**？

上回我说过偶然听到过我爸爸打电话的事情了吧？

我们只是借用了一下外星人的技术！不要辜负他们的一片善心！
我绝对不会违背自己的良心的！
咦，爸爸怎么这么生气啊？
你要是敢动我的家人，你们也不会有好下场的！
爸爸，发生什么事了吗？怎么这么生气啊……
啊，琥珀！
等、等下啊！爸爸在打电话呢。
不行，我们下次再通话吧！
哎呀！我的宝贝啊！怎么能突然就闯进爸爸的书房呢？
来来！我们要不要出去吃好吃的呢？
嗯嗯？
从那个时候开始，我爸爸就好像被什么东西追着似的，一直很不安。

我爸爸把U盘给了我之后就出差了，到现在都一个月了还没回来呢。
是不是U盘里有什么重要信息啊？那个U盘现在在哪儿？
是吗？你爸爸这么突然是去了哪里？他没有跟你说什么吗？
U盘？让我找找，好像是放在这里了。

拿出
在这呢！

真的是U盘耶，你看过里面的东西吗？
没有呢！本来想看来着，但后来忘了。

说不定U盘里有什么线索呢。
仔细想一下，还真的挺好奇当时是跟谁打电话呢？
唰唰

把这些孩子们都带回SS集团英国分公司！
突
冲进去吧！

这到底是怎么一回事呢？为什么爸爸出差这么久都没回来！
就连你也失踪了两天！
我们是不是应该报警啊？
出现
啊！

哔哔

瞪眼
柯莱梅！

等着我！
嗖嗖

天灵灵地灵灵！
嗡嘛呢叭咪吽！

开启吧，时空之门！

哼！还说我大惊小怪呢！

寂静

你的能力还没有恢复呢，在那摆什么造型啊？
对、对不起。我只是想试一试而已。

看好啦！这就是纳土拉星球皇家亲卫队的实力！
我命令你！开启吧，时空之门！

罗宾！赶紧跟上！
呃啊啊啊！真是个耻辱，总有一天一定也让你尝尝这感受！

知道了，来啦！
突

啊啊啊啊！

随便你！啊啊啊啊！
下回我一定能成功的！呃啊啊啊啊！
滋滋滋
噢耶！
哐哐

落地

好嘞！完美落地！

哎呀！得让老爸赶紧处理一下这个问题。

夏洛克！你头上有个足球那么大的包呢。

夏洛克虽然是因为阿加莎才进了侦探团，但促使他要成为名侦探的动力，是因为破了罗斯玛丽的案子。

可能是因为变装成导航仪 X 太累了吧，罗宾早已入睡。

呼噜呼噜

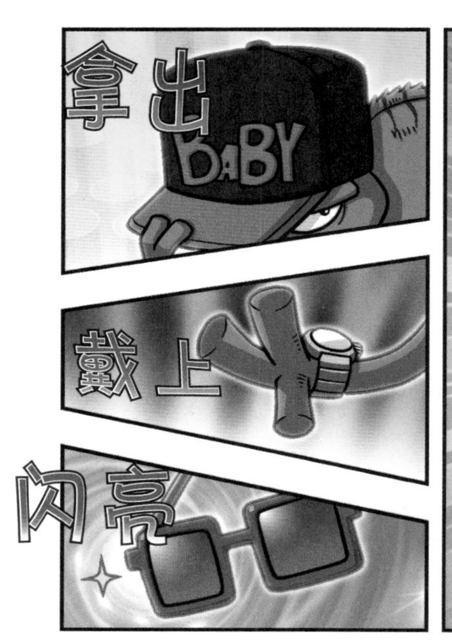

拿出
BABY
戴上
闪亮

哈！全宇宙最
帅气——伊瓜
因 MK2！
BABY
光芒

还让不让人
睡觉啦！
啪
咔咔！

你太吵了，吵得我
都睡不着觉啦！
呃啊啊啊。

这些都是
什么啊？都是
你的吗？
哼！都是你想不
到的东西！

这些饰品，总共
是多少个啊？
这个嘛，我还
没数过呢！
BABY

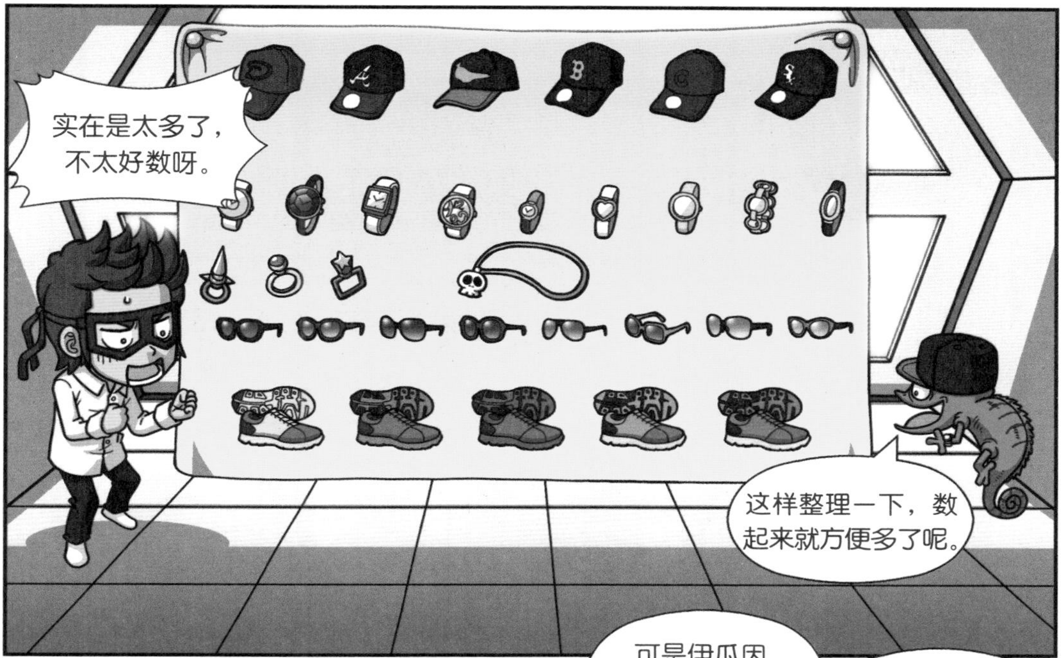

实在是太多了，不太好数呀。

这样整理一下，数起来就方便多了呢。

看一下伊瓜因的饰品整理后的图片，把它们填写在表格里吧。

各类饰品个数

种类	帽子	手表	戒指	项链	眼镜	鞋子	总数
个数（个）							

答案见下方

可是伊瓜因，这诡异的服装是什么？

虽然导航仪 X 真的很幼稚，但为了帮你，我也需要变装一下嘛！

以后就叫我伊瓜因 MK2 吧！

问题答案

6，9，3，1，8，5，32

收集资料，再用表格整理资料

问题 1 名侦探罗宾的朋友们在聊崇拜罗宾的理由，把调查到的资料用表格整理一下吧。

各女生崇拜罗宾的理由

名字	理由	名字	理由	名字	理由
罗斯玛丽	面具	阿加莎	斗篷	爱贝利尔	面具
琥珀	帽子	安吉莉卡	面具	贝利尔	斗篷
阿曼达	斗篷	阿黛拉	斗篷	贝拉	面具
安吉拉	拐杖	奥德利	面具	艾尔琳	帽子

女生崇拜罗宾的各理由

理由	面具	帽子	斗篷	拐杖	总数
女生数人（名）					

答案在146页

问题 2

琥珀的锁屏密码是不是很复杂？把大家解锁时所经过的圆圈数量用表格整理一下吧。

大家的锁屏密码经过的圆圈数量

名字	数量（个）	名字	数量（个）	名字	数量（个）
罗宾	5	凯瑟琳	4	詹尼弗	5
凯蒂	6	琥珀	5	布赖恩	6
华生	4	杰斯卡	6	查尔斯	6
阿加莎	7	赫尔丽安	4	海娜	7
最棒	5	埃里克斯	5	埃里克	6

各经过的圆圈数量的学生人数

圆圈数量	4个	5个	6个	7个	总数
学生人数（名）					

2 第二个委托人，歌德！

大公园！
动物园！
植物园！
我要不去趟美国？

薄荷农场！
森林！
海南岛！

大家想去的地方可真多啊！

那么，来整理一下大家的意见吧！
薄荷农场

这是今天要学的表格和图表。
啪

嗯？
晃头
晃脑
动物园
薄荷农场

你这家伙！怎么
在上课的时候打
瞌睡！
我扔
这就让你打起精神！
去吧，白色天使！
嘣
哐当
是谁！是谁胆敢
叫醒我的美梦！
站起

小贞	郑慧敏	国英	婧婧	元丰	朱力	刘洁
薄荷农场	海南岛	动物园	森林	动物园	公园	海南岛
刘源	英杰	家盛	甲元	秀秀	阿加莎	夏洛克
动物园	植物园	公园	海南岛	薄荷农场	植物园	动物园
罗宾	最棒	小英	阿景	华生	力尹	家敏
海南岛	美国	海南岛	公园	公园	薄荷农场	海南岛

场所	薄荷农场	海南岛	动物园	森林	公园	美国	植物园	总数
学生数（名）	3	6	4	1	4	1	2	21

各场所想去的学生人数

学生人数（名）＼场所	薄荷农场	海南岛	动物园	森林	公园	美国	植物园
6		○					
5		○					
4		○	○		○		
3	○	○	○		○		
2	○	○	○		○		○
1	○	○	○	○	○	○	○

怎么样？同学们最想去的地方是哪里，一眼就能看出来了吧？

夏洛克班级的同学们想去的场所中，哪个地方想去的学生最多？

（ ）

答案在46页

那么大家分组讨论一下实践要去哪里，再用表格和图表表示一下吧。

叮铃铃 叮铃铃
这么快就下课啦？

喂，作者！孩子们的上课时间怎么能这么短？到底让不让人上课啦？
发怒
啊啊？

啊啊啊！救、救命啊！
沙沙沙
这要看我心情啦！

总而言之，下课后
什么事啊？有委托案了？
倒不是什么委托案，我们空间移动落地的时候，不是很不稳嘛？
是呢

我和爸爸说了一下，他给我们发明了这个。

＊重力：地球吸引物体的力。

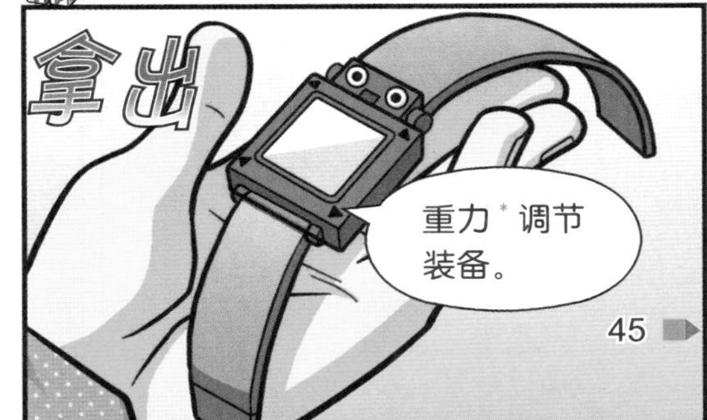
拿出
重力＊调节装备。

从高空跳下来的
时候带着手表，可以
减缓落地的速度哦。
落下的时候还可以
调整一下姿势，就
可以完美着地了。

哇啊啊啊！这
是真的吗？
你爸爸好厉害啊！
拿起

阿加莎……
有我的吗？
亮晶晶
这是什么
表情啊？

不用担心，
你也有。
拿出
真的吗？

哇哦！这个
好帅气啊！
戴上

* 透视：利用 X 射线透过荧光屏上所形成的影像观察物品。

* 窃听：暗中偷听，指利用电子设备偷听别人谈话。

你居然说是玩具？你知道吗，你的溜溜球可是最好的道具呢！
什么？那个溜溜球吗？

怎么了？你不会丢了吧？
不、不是啦，丢倒是没有丢……
翻来
翻去

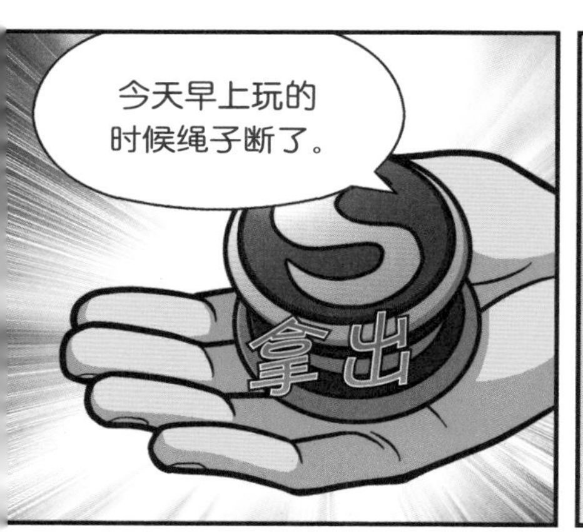
今天早上玩的时候绳子断了。
拿出

本来想用其他的绳子代替，但这个断开的绳子太独特了。
断
转悠

没关系，绳子断了找我爸爸修就是了。
是吗？真的可以吗？

但是，这个溜溜球，是不需要绳子的超级道具哦。
笑

＊电磁：物质所表现的电性与磁性的统称。

* 磁场：传递物体间磁力作用的场。
从戒指里面出来的磁场*，会控制溜溜球。你要好好珍惜它啊！
知、知道了。
原来是这么酷的东西啊？
握住
嗡
那么，来试一下吧！
转起来吧！
扔出
滑溜
嗡
哇啊！
哦哦

不愧是夏洛克！这实力，参加溜溜球大赛也没问题。不过也难怪，除了吃饭就在那玩溜溜球。
啊……
玩得真溜啊，好帅。
嗡
真是没想到
夏洛克玩溜溜球的技术，
超一流！
收起

嗯？

夏洛克……

喂，阿加莎！怎么这么看着我啊？
不会是被溜溜球迷住了吧？
惊
呃！

眨眼
我玩溜溜球的样子，是不是很帅啊！

什么？

不、不是……不是的啦！
颤抖

绝对不是！

一巴掌

噗！

刚觉得你技术不错，就这么得瑟！
气
气
阿、阿加莎，淡定一点儿。
哈啊啊啊！只是开了个玩笑……真的好疼啊。
晕乎
晕乎
阿加莎的眼睛是雪亮的。

突击侦探团：

你们好，我是住在德国柏林的流浪歌手歌德。

帮我找找我的朋友美西螈的宇宙飞船吧。

你们来“胜利女神四马战车”的下面，就能找到我了。

歌德

嗯？让我们找宇宙飞船？

嗯，朋友是美西螈……

什么？朋友的昵称是美西螈吗？

让我们了解一下六角恐龙吧。

他的全称为美西钝口螈，俗称六角恐龙。

俗称六角恐龙，墨西哥钝口螈科生物，分布于墨西哥中部的湖泊。

这怎么了！再小的事件，
我们突击侦探团都会去
解决！不是很棒吗？
这、这样
子吗？

拿出
好，我们这就
出发吧！

这是要去
哪儿啊？
嗯？我们不是要去
胜利女神四马战车
的下面吗？

你知道那里
是哪儿吗？
管它在哪儿，我
们有传送枪啊！

胜利女神四马战车
到底在哪儿呢？
来，
启动啦！

胜利女神四马战车，
是德国柏林勃兰登
堡门顶雕像的名称。
什么？德国？

罗宾的住所

哈啊啊啊！

凝气

吼哦哦哦！
哈啊啊啊！

吵死啦！能不能让人好好睡觉啦！

嚯哦哦哦！
咔啊啊啊！

嗯？

叮铃铃

那帮小孩子们！又要玩侦探游戏啦？

还说人家是小孩子呢！你不记得上回是怎么被夏洛克那家伙捉弄的吗？

流汗

??!!

啊啊啊！

不能忍啦，那帮家伙！
终于发挥出超能力啦，看来上回的打击够大的嘛！
发火
拿起
一甩
伊瓜因！快启动传送门！我们也要去德国！
戴上
什么呀！不是说没兴趣嘛！知道啦。
我也准备好了！
嗯？
你……这是干什么？
我？黑盒Z！
耶

＊读心术：通过对方的动作或表情，了解对方的内心想法。

导航仪 X 与黑盒 Z！
虽然这样的名字很诡异，但他们仍然很认真，认真到完全无视穿越时空之门带来的巨大痛苦。
滋滋滋
哐哐哐哐
欧耶！这次是德国！

勃兰登堡门*

*勃兰登堡门：德国分裂时期，被当作为东柏林与西柏林的分界线。德国统一后，成为了柏林的象征。

＊重力：物体由于地球的吸引而受到的力。

*胜利女神四马战车：为约翰·戈特弗里德·沙多的作品，雕刻着四匹马拉着胜利女神的马车的形象。虽然第二次世界大战时被损坏过，但战争结束后已修复重建。

走近
走近
都到了胜利女神四马战车下面了，那个委托人在哪里呢？
东张
西望
Ich liebe
dich so wie du mich
Am Abend und
am Morgen

番石榴
番石榴
我好爱芒果啊！
不仅会弹吉他，
唱歌还这么好听！
呃呃！
好像是在街头
表演呢！
呵呵，我也能
唱得那么好。
嗯？
啊啊！真的是好
有魅力的声音啊。
蹬蹬
蹬蹬
喂，阿加莎，
你去哪儿？
嗨！
你好！
嗯？
走近

你唱歌好好听啊！
我好喜欢听啊！
什么？

啊，哎呀，真的
是对不起。
移开
啊，好！

我们来自中国，请
多多见谅！
中国吗？我知道
呢！是不是孔子
所在的国家啊？

欢迎来到德国！我叫
戴姆勒·歌德。

什么？你是
歌德？

转身
嗯……
这里就是德国的勃兰登堡门广场吧？
嗯，对，我们来对了。
你在这里有没有发现什么特别的地方啊？
你说呢！
我在调查有关德国的宇宙行星资料的时候，发现了奇特的地方。
亮
奇特的地方？你指的是？
有许多从其他星球来的种族。
什么？有其他种族在地球上？

* 昴宿星团：也称七姐妹星团，是位于金牛座一个大而明亮的疏散星团。

转身
这个气息，
不会是？
是《真实之书》！
跳

果然！
发光

怎么这里会有《真实之书》？
伸手
也就是说柯莱梅来过这里？

这到底是怎么一回事啊？
是啊！
展开

嗒哨
向美西钝口螈
询问
真实之路吧！

向美西钝口螈问路？美西钝口螈是什么啊？
等等，让我来查查！

柯莱梅这家伙！每次都比我们抢先一步。
捏住

你、你真的是歌德吗？

嗯，是的。我就是歌德！

谢谢你们远道而来，
我叫戴姆勒·歌德，
今年 16 岁。
握手
哎呀！哥哥！
你好！
嗯？
你好
他们都是我的下属，这个女孩是阿加莎·克里斯蒂。
那个长得瘦弱的男生，是我的助手——华生！
瘦弱
还有那个矮个子只是个小跟班，你不用知道。
小跟班
竟然把要当上 SS 集团董事长的人说成是小跟班！
咬住
发怒
咳啊啊！
救命啊！
谁是你的
下属啊！

那个……他们不是我的下属，他们是我的好朋友。
肿
天啊！你头上的包不要紧吗？

当然了！这都不是事！但是，事件的当事人美西螈在哪里呢？
那个，你真的不用去医院吗？

美西螈是我的宠物六角恐龙的昵称，
也叫美西钝口螈。

六角恐龙现在在我家，我们一起去看一下？

唉！他们真的是侦探团吗？
转身
嘿嘿……嘿嘿！有点儿肿而已，一会儿就没事了。

查到了！美西钝口螈！
亮

是吗？美西钝口螈是什么啊？
美西钝口螈是墨西哥产的钝口螈，也叫六角恐龙。

是不是跟他们所说的六角恐龙有关系呢？
是啊！有可能吧？

嚯啊啊！

跳

好，那我们也跟着他们去看看！

嗒当

啊……因为有点儿事情。家里有点儿乱，希望你们不要介意。

呜哇！只有 16 岁，就开始独立生活啦？

哥哥，你真厉害，这么小就一个人住！
嗯？
抱住
哥哥，你真的太厉害了！
阿加莎，不要闹了！
出汗
歌德，那个叫六角恐龙的宠物在哪里啊？
西望
东张
感觉看不见什么鱼缸之类的啊。
听说你们能帮我？
嗯？
爬出

出现

各位，一定要帮我找回宇宙飞船啊！

呃啊啊啊！这是什么！

喂，六角恐龙！在屋顶忽然说话，吓到人家了怎么办啊！

啊，是吗？失误！

转

吼吼！吓到你们了吗？真是对不起啊！

跳下

来个正式的自我介绍吧！我的名字是美西钝口螈Z-11！你们可以叫我Z-11。

呃啊啊啊！华、华生！快报警！快！

等等，不能报警！

要是警察知道了，肯定会带走六角恐龙的！

啊，是耶！

为了知道会说话的宠物是从哪里来，才委托你们的。

昴宿星团，是位于金牛座的疏散星团。
哦？你知道昴宿星团？

它在离地球很远的地方，是1亿年前诞生的一个年轻星团。

星团与星云
1. 星团，由数百颗到数十万颗恒星组成。
2. 星云，由气体与灰尘组成。
我的故乡，是在这里的第六大星团。

▲ 昴宿星团

呜哇！我最棒！你怎么知道这些的啊？
吼吼，我的梦想可是超越世界征服宇宙……

什么？又是征服宇宙？真是的！
惊

不、不是！那个……我们SS 集团不是全球化企业吗？是在这种意义上的征服世界，不要误会了！
呼，松了一口气。
不会误会的，放心！

最重要的是，那个星球上有生命体！
指出

什么？在那个星球上有生命体？

16 世纪哲学家乔尔丹诺 · 布鲁诺说过，地球外存在外星人。
我看到过外星人！
呃，他是怎么知道我存在的？

因为他独有的宇宙观，所以被判为“异端”活活被烧死。
外星人是真实存在的！
燃烧

压住
这家伙！竟然说出了我们的真面目！

哎呀！别开玩笑啦！说什么外星人……
我是存在的

你真的是来自外星
吗？实话实说。
指

喂，哪来的外星
人嘛？它只是会
说话而已！
对啊！鹦鹉也会
学着人说话啊！

发怒
我真的是外星人！要
说多少遍才能懂啊？
呃啊啊啊！

你们为什么不相
信我说的话啊？
啊，是外星人！
真的是外星人！

喂，六角恐龙！
你一次也没跟我
这么说过啊！
哎，已经说过
无数回了！

我是在去宇宙自由空间的路上，走错路才来到了这里！

都是因为你不相信我，所以总是不仔细听啦！

外星人不是长这个样子吗？

拿出

哎，你们地球人的想象力真丰富……

那我要是变得这么大，你们就相信我是外星人了吗？

呃啊啊啊

呃啊啊啊！知、知道了！我信！我相信！

六角恐龙真的是外星人！
来，看！大家都认可你呢。
拍手
拍手
拍手
嗯……但为什么感觉这么不高兴呢？

*纬度：某地地面法线对赤道面的夹角。

在德国，有个叫“第7防御区”的地方，也是外星人出没的区域。
什么？

全世界有外星人出没的区域总共有7个，其中包含51区。

什么？全世界有7个地方？
最、最棒啊！你怎么知道这些的啊？
流汗

只是在网上随便搜一搜的啦。
哼！还以为跟你们公司有关系呢。

51区是地球人和外星人之间开始有来往的区域。

呜哇啊！还跟外星人有过来往啊？
哎

哎呀，这样的事情，应该请求大人帮助啊。

对啊，我们只是儿童侦探团。

那个，要是真想知道，我倒是能打听得到。

什么？

吼吼，你们是迷
失方向了吗？
嗯？
落地
这种时候，需要问
我导航仪X啊！

出
现
导航仪X！

什、什么！这
个家伙是？

这个人是怎么
来的这儿啊？
哼！那些都不重要！
你来这里有什么事
啊？还有，你旁边
那个又是什么？
握拳

啊，他是我的好
朋友，黑盒Z！
跟大家打声招呼
吧，黑盒Z！

跳下
哇啊啊啊！
呃啊啊啊！
甩
委托人先生，不要把这么危险又重要的任务交给这些小毛孩侦探团，
交给我这个最优秀的私家侦探导航仪X来解决，你觉得怎么样呢？
啊啊！导航哥哥！
什么？导……你说什么？

伊瓜因！你能扫描一下那个六角恐龙吗？

嗯，已经在扫描了！

*亲卫队：保护国王或皇帝的军人。

皇室亲卫队吗？我也
是皇室亲卫队的人，
艾蒽 Z−100 号。
你好啊，现在我是
被赶到地球来生活
的 Z−11 号。

被赶出来？皇室
亲卫队发生什么
了啊？

你难道什么都不知道
吗？还有，跟你一起
的那个人是谁？

这位是纳土拉星球
贝丽塔斯王国的王
子，夏尔梅斯大人。

这位就是泰瑞尔王
的儿子啊？但为什
么会不知道皇室的
血腥之争呢？

什么啊，这家伙！
让他扫描一下对方，
怎么就睡着了！
现在处于心灵感
应状态中。

血腥之争？完全
没有听过啊。

这，刚好过了
三年……

你知道纳土拉星球是一个掌管《真实之书》的星球吧？
贝丽塔斯王国保管的《真实之书》，是管理全宇宙秩序与灵魂的法典。
只有能力强大的王族才能成为贝丽塔斯王国的王，掌管《真实之书》。
《真实之书》有着可以从善与恶之间提取出无穷无尽力量的能力。
虽然秩序维持了数亿年，
但贝丽塔斯国王的第三个儿子泰瑞尔当上了王，身为长子的伊姆帕里斯对自己没有登上王位而不满……

被黑暗所吞没的他，大脑也被黑暗所控制了。
呼呼
呼呼
伊姆帕里斯为了获得无穷无尽的力量而谋反。
哈哈，泰瑞尔，现在到时候了，
凝气
是把王位还给我的时候了！

什么？谋反？
睁眼
它这是怎么了？
是啊，伊姆帕里斯带着军队，攻进贝丽塔斯王国……

虽然泰瑞尔国王顽强地抵抗了他，
哐啷

但还是遭到了惨败。
气喘吁吁

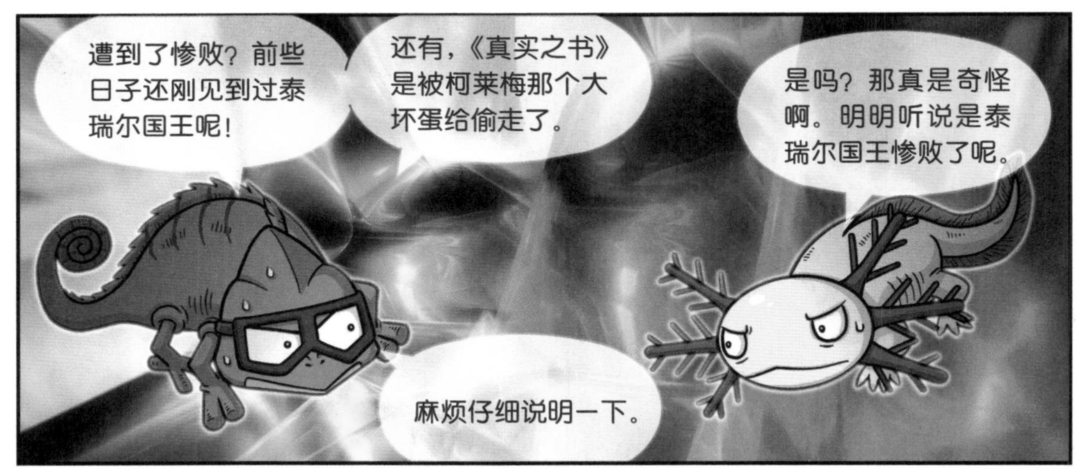
遭到了惨败？前些日子还刚见到过泰瑞尔国王呢！
还有，《真实之书》是被柯莱梅那个大坏蛋给偷走了。
是吗？那真是奇怪啊。明明听说是泰瑞尔国王惨败了呢。
麻烦仔细说明一下。

嗖嗖嗖嗖

你这是干什么？
呃啊啊！
哐

??!!

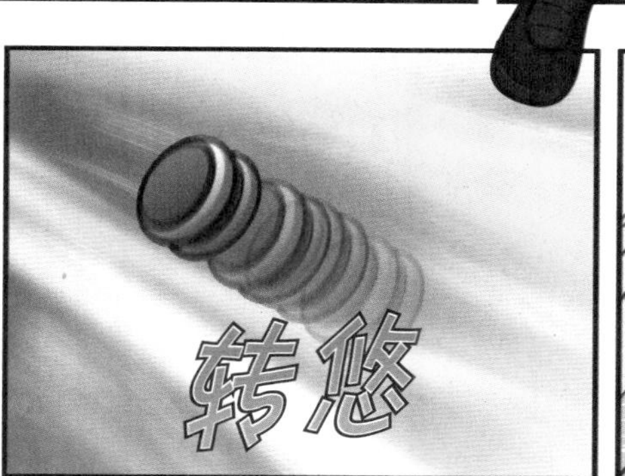
转悠

喂，你为什么每次都跟着我们，妨碍我们啊？
这个案件，由我们来解决，你可以走啦！

哼！
拿住

这次的事件，可不是你们这帮孩子可以解决的事情！

我出面，就是帮你们，小鬼！

一挥

呃呃呃

什么？小鬼！上回因为胡乱的推理，把我们搞晕的人是谁啊！

握拳

罗宾，现在我有重要的话要告诉你。
住嘴！待会儿再说！

不要再叫什么小鬼！我不想从你这种初学者口中听到这种话！
夏洛克！你也适可而止吧！

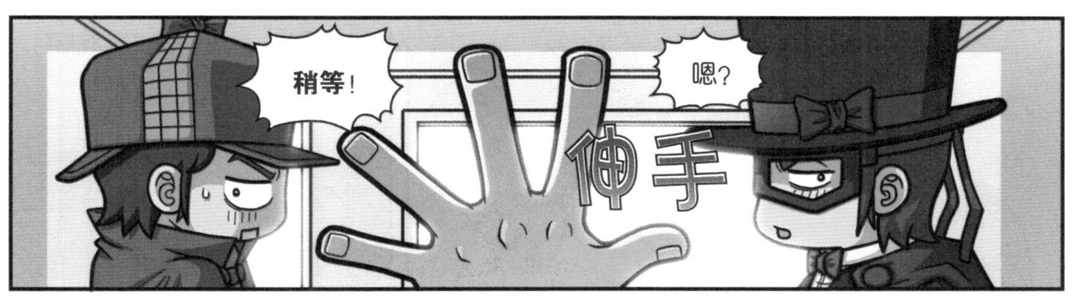
稍等！
嗯？
伸手

两位请住手，我同时向两位委托事件吧。

好、好吧，要是委托人这么说的话……

好、好吧，那就这样吧。

啪
啪
好了，两位到此为止！我们要赶紧破案了。

因为我们剩的时间不多了，只有 30 分钟。
什么？这么快！

歌德哥哥，德国有研究外星人的地方吗？
嗯？

嗯，我知道有个地方。

你知道的地方？是哪里啊？
这家公司的名字叫 CH 茵普拉赫布，是一家在各个领域都有研究的大企业。

啊，那太棒了！我们可以向他们请求帮助耶。

可是，不知道
他们公司会不会
帮我们呢。

什么？那怎
么办啊？
要是不能正式请求
帮助，我们还可以
走后门。

就相信我吧！
眨眼

好的！我们向
CH 茵普拉赫布
公司出发吧！

嗒嗒
嗒

将表格画成图表

问题 1

突击侦探团来到德国办案了。我们来调查一下同学们都想去哪里旅行吧？

美国

英国

德国

瑞士

（1）数一数想去各个国家的学生人数，填写下面的表格吧。

想去各个国家的学生人数

国家	美国	英国	德国	瑞士	总数
学生人数（名）					20

（2）根据表格，用○画一下图表吧。

想去各国家的学生人数

8				
7				
6				
5				
4				
3				
2				
1				
学生人数（名）／国家	美国	英国	德国	瑞士

（3）依次写一下想去的人数最多和最少的国家吧。

(　　　　　　　　　　　　),(　　　　　　　　　　　　)

3 走吧！去第7防御区

指

前面那栋楼就是CH茵普拉赫布公司了。

嗯？

呜哇啊啊！
高耸
好大一栋楼！
天啊！比我们皇宫还要大的地方啊？
天、天啊！比我们SS 集团总公司还要巨大，还要宏伟啊！
咽口水

歌德，CH 茵普拉赫布是做什么的公司啊？

这个呀，

从武器贩卖到医药品制作与售卖，是一个综合型贸易*公司。

* 贸易：商业活动。

公司正门的戒备太森严了。

回头

来，这边！

嗒

嗒

嗒

我们要从这里进去。

挪

啊？下水道？

亮光

翼翼
小心
大家下去的时候小心点儿哦。

使劲
呃啊！

大家往这边走。
哒哒
哒哒

挪开

起身

伊瓜因，有没有什么异常？

目前还没发现可疑的地方。

开门

来，就是这里。大家进来吧。

吃惊

啊！

到达
嗯？
列支敦士登博士
CH 茵普拉赫布的最高研究员
博士，过得
还好吗？
什么？少爷！
哈哈哈！
啊啊啊！
二少爷！

他说少爷？他到底在说什么呢？
你这家伙！竟然一直在骗我们啊！

其实……这个公司的CEO是我老爸。
出汗

天啊！哥哥居然是这家公司的少爷？
呃啊啊啊！
抓住

少爷，这一年多，您去哪儿了啊？怎么一点儿消息都没有。
呜呜
哈哈哈！真的是很抱歉，博士。

这次来找您，是想让您帮一下我的朋友。

嗯？朋友，是指您身后的几位吗？

呃啊啊啊！动、动物会说话！

我是来自昴宿第六星团的 Z–11，请您帮我找回我的飞船吧。

啊哈哈

哈哈哈哈！我们最初也是被吓坏了呢。

盯着
哇啊啊！我还是第一次见宇宙生物呢。
呃，这么看着我有些害羞呢。

博士，我们想去第7防御区找我朋友的宇宙飞船，帮帮我们吧。
您说第7防御区？

少爷您怎么知道第7防御区的存在啊？
震惊
啊，是那边的侦探团朋友告诉我的。

你们是在哪儿听到这些的啊？
啊，那个在网上一查就能知道了！
唔！

怎么可能啊……因为是特等机密，消息应该都是封锁的啊……
难道网络安全系统被攻破了？

那，我应该怎么帮你们呢？
您就告诉我们怎么去那里吧。

唔！

考虑
呼

包括少爷在场的各位，请保证以下的话绝对保密。
当然啦！只要能找到六角恐龙的宇宙飞船！

指
第 7 防御区，就在这栋楼的地下 200 米处。

什么？
吃惊
第 7 防御区就在这里？

CH 茵普拉赫布公司总部的大楼底下，有个巨大的研究设施，那就是第 7 防御区。

在那里，正在对外星生命体以及 UFO 进行研究。

第7防御区

那您可以带我们去那里吗？

其实我也没有进去的
利。你们可以去找地
的研究员，他们都是
我安保等级更高的人。

这样啊。

还有，据说前些日子
第 7 防御区有过一次
不明爆炸。
爆炸？

是的，所以现在
下达了临时封闭
命令。

封闭吗？那要怎么
进那里啊？
怎么会这样啊，还
有其他方法吗？

从目前来看，我
能提供的最好的
方法是，
翻找

拿着我的安保
卡，到第 7 防
御区的入口。
拿出
第 7 防御区的
入口吗？

嗒
嗒
嗒
你们拿着我的安保卡，能安全到达地下200米的电梯口。
我们要快点儿了！我们的时间不多了！
路上可能有很多监视器，但即使被保安看到，应该也追不上你们的。
嗒嗒
嗒
好！
转
老板！通向第7防御区的电梯有外部入侵者！
我也在看着呢。
哪来的小毛孩啊？
瞪眼

嗒嗒
在这里！应该就是这个电梯吧！
嗒
进入
哇唔！下降的速度真的好快啊！
下降
叮
到了！
开启
呃嗯？

呜哇啊啊啊！是第
7 防御区入口！

可是，为什么有
种上面那个才是
入口的感觉呢？

华生！用你的透
视眼镜，分析一
下吧。
知道了。

让我瞧瞧！

嗯？真的是耶！这
下面的是墙壁，上
面的才是入口。

嗯？这上面好像
写着什么东西。
嗯？

“图表中的阶梯，会
帮你打开入口！”
图表中的阶梯，
会帮你打开入口！

图表中的阶梯？那是什么啊？
不愧是一级机密场所，真是戒备森严啊。

吼吼，朋友们！我好像已经知道答案了。
摆弄
什么？

看看我们踩着的石板，颜色都不一样对吧？

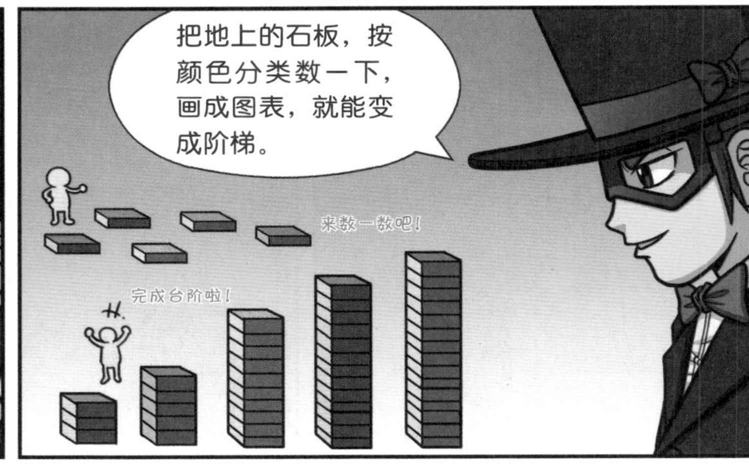
把地上的石板，按颜色分类数一下，画成图表，就能变成阶梯。
来数一数吧！
完成台阶啦！

哇！真不愧是导航仪 X！
你怎么知道的啊？

其实没什么，简单地想了想，就想到了今天课上学到的图表。
嗯？今天课上？

一愣
呃
好奇怪啊？我们今天也学了图表呢。

啊！那、那个嘛，不是上课一般都学这些吗？
咦！这样吗？
当然啦！来来！让我们赶紧解开密码吧！

我们每个人分一块区域，数一数每个颜色的石板数，再统计一下吧！
你是在命令我们吗？
好！

一个、两个、三个……
心虚

呼，差一点儿就暴露了，太大意了。
小心点儿，罗宾！

QUIZ

老师调查了一下同学们需要买的东西。其中，需要买书的同学有几名呢？

物品	书	玩偶	文具	总数
学生人数（名）	5	3	4	12

（　　　　　　　　　　　　　）

答案在122页

哔哔
输
把图表中最多的个数与最少的个数之差输进去，

入

哔哩哈
CLEAR

好了！密码解开了！

咚咚咚咚
嗯？

呃啊啊！
长出

哐哐哐
唔哇啊啊！

出现阶梯了！
巨大
问题答案 5名
哇啊啊啊！快
上去看看吧！
嗒嗒嗒

跳
欧耶，我是第一名！我要第一个开门看看！

嗯？

出现
YES
NO
这、这又是什么？

夏洛克，你怎么了？
啊啊啊

这里也有个密码，而且这个看起来好难啊。
什么？是什么样的密码啊？

呃呃！这到底是什么啊？

每个桥都只路过一遍，而且要经过所有的桥？
什么啊？这样的东西，直接走一遍不就知道了吗？
呃啊啊

这个题好难啊，
解不开啊！

随便蒙一个？
Yes or No？

咦，过桥的问题！
这个桥怎么感觉在
哪里看到过啊？

为了能去所有地方
搭建了七座桥，

从某个时候起，人们开
始有了个习惯，那就是
算一下有没有每座桥都
只过一遍的方法。

喂，今天要不
要再试一下过
桥啊？
好啊！我一定
要试出来。
看到不断尝试的人们，
瑞士数学家欧拉，

我来给大家证明，
能不能一次过完
所有桥吧。
欧拉
决定亲自给他们证明
哥尼斯堡桥的问题。

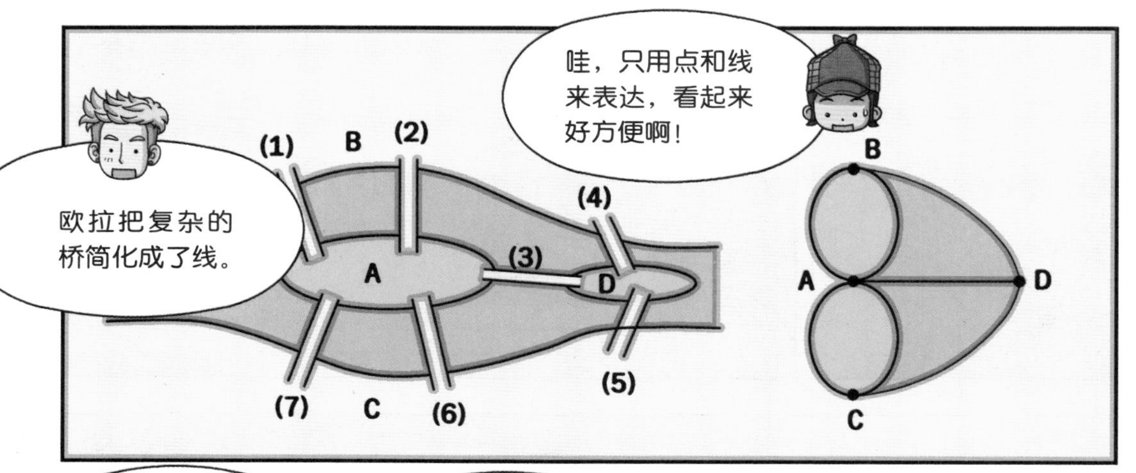
欧拉把复杂的
桥简化成了线。
哇，只用点和线
来表达，看起来
好方便啊！
(1)
B
(2)
(4)
A
(3)
D
(5)
(7)
C
(6)
B
A
D
C

所以欧拉叔叔
最后证明了这
个事实了吗？
是的，所有的线只
经过一次，到达最
初起点的方法，

是没有的！所以
答案是 NO！

按
YES
NO

哔哩呤
CLEAR!
解锁！

密码解开了！

嗯？
亮
请一笔完成图画！

这是什么？怎么还有个密码啊？
是、是啊……可能因为是机密场所，所以有多重密码吧。

这个就简单了！一笔画的话……

我画
请一笔完成图画！

哔呤
通过！

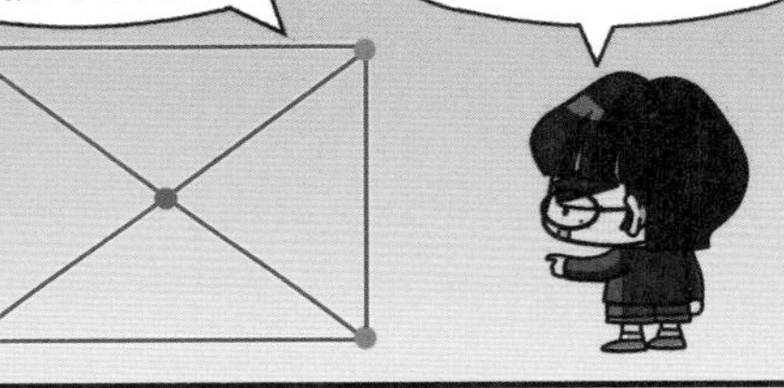

● 单数点 ● 双数点

若想可以一笔画图，单数点的个数需要为 0 个或 2 个。

单数点为 0 个的时候，起点和终点会是同一个点。

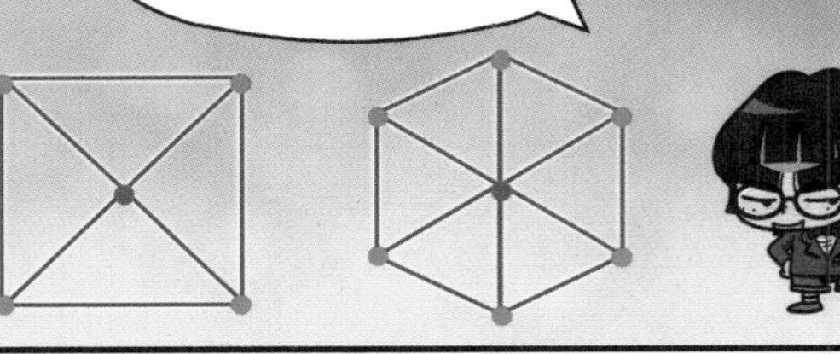

◀ 朋友们也来画一画左边的图形吧！

门终于开了！

兴奋

呼呼呼呼……
笑
啊啊啊？
吃惊
你、你是？
呃啊！
震
惊
？？！！
终于开启了第7防御区的门！但等着他们的竟然是？

表格与图表的运用

问题 1 我最棒在焙耀一周内吃的面包的个数呢。把我最棒吃的面包，按照种类分类并用表格整理一下吧。

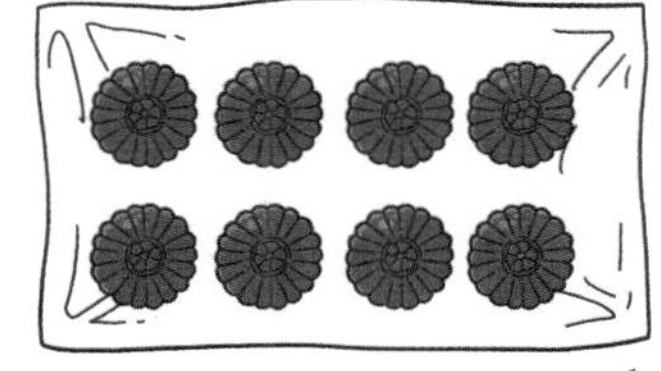

各面包种类的个数

种类				
个数（个）				

问题2 地球上有许多来自不同星球的外星人，分布在各个大陆。用表格与图表整理一下各个大陆的外星人数量吧。

（1）数一下在各个大陆的外星人，填写下面表格吧。

各大陆的外星人人数

大陆	北美洲	南美洲	欧洲	非洲	亚洲	大洋州	总数
数（人）							

（2）根据表格画出图表吧。

各大陆的外星人人数

5						
4						
3						
2						
1						
数（人）/大陆	北美洲	南美洲	欧洲	非洲	亚洲	大洋州

（3）在地球上的外星人，总共有多少人呢?

（　　　　　　　　）

（4）哪个大陆上的外星人最多?

（　　　　　　　　）

故事教学 问答题

故事1 用表格整理资料

地点	动物园	游乐场	博物馆	公园	总数
学生人数	6	5	4	2	17

阿加莎去动物园的时候整理了同学们喜欢的动物。

喜欢的动物

阿加莎	夏洛克	罗宾	最棒
华生	琥珀	安吉拉	歌德

1 看着以下动物，填写喜欢它们的同学的名字吧。

2 看资料填写下面表格。

喜欢各动物的学生人数

动物				总数
学生人数（名）				

答案在146页

阿加莎与朋友们分别说出了一个想吃的水果。

3 用表格整理一下阿加莎与朋友们想吃的水果吧。

想吃各种水果的学生人数

水果	橙子	香蕉	芒果	樱桃	总数
学生人数（名）					

故事2 将表格画成图表

种类	紫菜包饭	三明治	甜甜圈	炸薯条	总数
学生人数（名）	4	5	4	2	15

7				
6				
5		○		
4	○	○	○	
3	○	○	○	
2	○	○	○	○
1	○	○	○	○
种类	紫菜包饭	三明治	甜甜圈	炸薯条

4 在□中填写恰当的词语吧。

（1）图表中，横行填写调查的内容，竖列中填写学生□。

（2）根据每个分类的个数，从□到□画○到格子里。

故事数学 问答题

阿加莎与朋友们正在用手机聊天。

5 看对话，完成下面图表。

想喝各种饮料的学生人数

学生人数（名）\饮料	橙汁	苹果汁	草莓汁
5			
4			
3	○		
2	○	○	
1	○	○	

6 大家最想喝什么饮料？

（　　　　　　　　　　）

华生在调查同学们想要的礼物，整理出了一个表格。

想要各种礼物的学生人数

礼物	书	娃娃	手机	总数
学生人数（名）	2	3	4	9

我想要你的溜溜球……

7 根据表格完成下面图表。

想要各种礼物的学生人数

学生人数（名）\礼物	书	娃娃	手机
4			○
3			○
2	○		○
1	○		○

答案在146页

故事 3 表格与图表的运用

我最棒在说他一天所做的事情。

8 用图表画出我最棒的一天吧。

我最棒的一天

8	○					
7	○					
6	○					
5	○		○			○
4	○		○			○
3	○		○			○
2	○		○	○		○
1	○		○	○	○	○
时间 / 做的事情	睡觉	吃饭	读书	运动	冥想	玩

故事数学 问答题

我最棒与同学们在说他们一个月读书的数量呢。

9 看上面的画，填写下面表格。

一个月所读的书的数量

名字	柯莱梅	最棒	罗宾	华生	阿加莎	总数
书的数量（本）						

10 看表格，整理图表。

一个月所读的书的数量

6					
5					
4					
3					
2					
1					
书的数量（本）/ 名字	柯莱梅	最棒	罗宾	华生	阿加莎

11 写出使用图表的好处吧。

____

答案在146页

伊瓜因去了自然博物馆，调查了昆虫的个数。

12 看图完成下面的表格与图表。

自然博物馆的昆虫数量

昆虫	蝴蝶	蜻蜓	蜜蜂	蜘蛛	天牛	总数
昆虫数量（只）						

自然博物馆的昆虫数量

8					
7					
6					
5					
4					
3					
2					
1					
昆虫数量（只）/ 昆虫	蝴蝶	蜻蜓	蜜蜂	蜘蛛	天牛

13 可以一眼看出哪种昆虫最多或最少的，是表格与图表当中的哪一个？

（　　　　　　　　）

1 仔细观察用手挡住的图片，跟夏洛克一起猜猜哪个碎片才是被挡住的部分吧。在你认为正确的碎片上画个○。

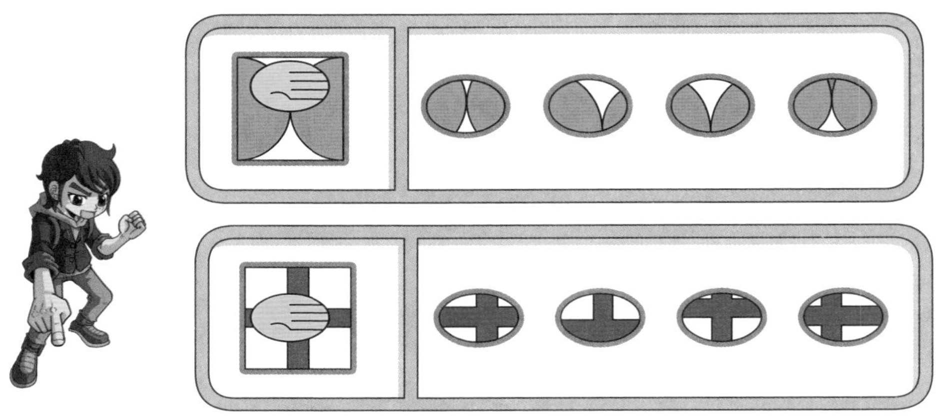

2 华生在找左边拼图的碎片，在你认为正确的碎片上画个○吧。

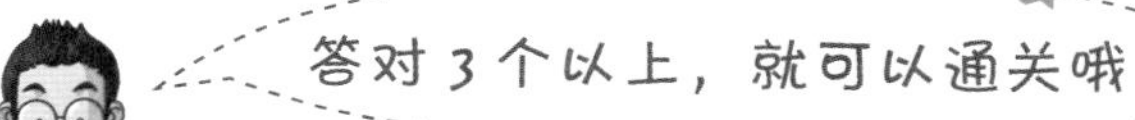

3 阿加莎想移动 3 根火柴，变成大小相同的 4 个正方形，你也来试试吧。

4 我最棒想要多放 3 根火柴，变成 7 个大小相同的正方形，你也来试试吧。

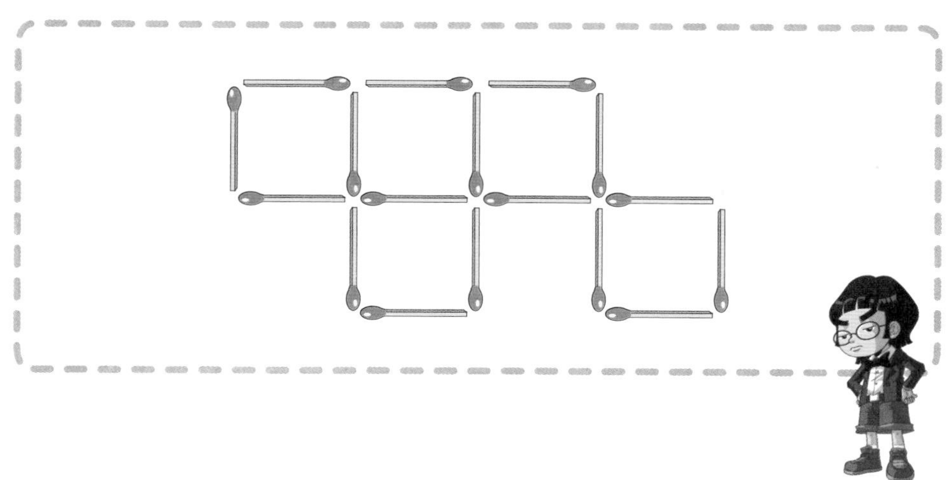

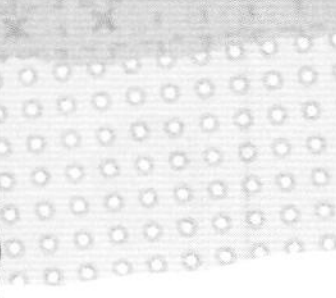

· 牛顿和苹果

1643 年 1 月 4 日，艾萨克 · 牛顿出生于英国。

牛顿的爸爸在牛顿出生前就去世了，后来牛顿妈妈再婚，牛顿就跟爷爷奶奶一起生活。虽然他没有朋友，一个人孤零零长大，但在学校他是个优秀的学生，很喜欢专注地研究东西。

后来牛顿成为了英国著名的物理学家和数学家，为后世留下了深远的影响。其中，牛顿和苹果树的故事广为人知。

牛顿通过苹果从树上掉下来的事情，发现了万有引力定律*。

*万有引力定律：物体间相互作用的一条定律。

物体由于地球的吸引而受到的力，叫做重力。

把一个球抛出去，是否会掉下来呢？

这是因为地球在吸引物体，也就是重力。同样的道理，苹果从树上掉下来，也是因为有地球吸引苹果的重力。

要是没有重力，会是什么样子呢？

如果某一天重力忽然消失，地球再也不吸引东西，会变成什么样呢？地球上的东西都会飘在空中，会变成一团乱麻的。虽然我们感受不到重力，但它一直都在哟。

·德国文化

小伙伴们，歌德哥哥邀请我们一起吃晚餐哦。
好啊！我们一起去他那里玩吧。

好，那就赶紧吧！德国人很守时哦！
奔跑
等等我们，阿加莎！

啊！停住！有车过来了！
开车

他在让我们先过去呢！
刹车

德国司机让行人先过去耶。

这里有好多书店啊？
德国是一个注重出版与阅读的国家。

在德国法兰克福有全世界规模最大的图书展呢。
哦哦，我们也去看一下吧？
人潮
拥挤
国际图书馆

＊在德国一般用接好的水简单擦一下碗，不会用水冲洗。

答案与解析

第1讲 练习题　38～39页

问题1　5，2，4，1，12

问题2　3，5，5，2，15

第2讲 练习题　100～101页

问题1　（1）6，5，7，2

（2）想去各国家的学生人数

学生人数（名）／国家	美国	英国	德国	瑞士
8				
7			○	
6	○		○	
5	○	○	○	
4	○	○	○	
3	○	○	○	
2	○	○	○	○
1	○	○	○	○

（3）德国，瑞士

第3讲 练习题　131～133页

问题1　（1）9，8，5，3

（2）3，2，2，2，4，2，15

各大陆的外星人人数

数（只）／大陆	北美洲	南美洲	欧洲	非洲	亚洲	大洋洲
5						
4					○	
3	○				○	
2	○	○	○	○	○	○
1	○	○	○	○	○	○

（3）15只

（4）亚洲

故事教学问答题　134～139页

1　阿加莎，歌德；夏洛克，罗宾，琥珀；最棒，华生，安吉拉

2　（从前到后）2,3,3,8

3　（从前到后）2,4,3,4,13

4　（1）数（2）下，上

5　从下面开始画2个○。

6　橙汁

7　从下面开始画3个○。

8　从下面开始画3个○。

9　（从前到后）1,6,5,4,3,19

10　一个月所读的书的数量

书的数量（本）／名字	柯莱梅	最棒	罗宾	华生	阿加莎
6		○			
5		○	○		
4		○	○	○	
3		○	○	○	○
2		○	○	○	○
1	○	○	○	○	○

11　例　可以很容易看出读书最多和最少的人。

12　（从前到后）7,6,4,2,8,27

自然博物馆的昆虫数量

昆虫数量（只）／昆虫	蝴蝶	蜻蜓	蜜蜂	蜘蛛	天牛
8					○
7	○				○
6	○	○			○
5	○	○			○
4	○	○	○		○
3	○	○	○		○
2	○	○	○	○	○
1	○	○	○	○	○

13　图表

头脑智力王　140～141页

1　

2　 

3　

4　

第一辑共 5 册
定价：149.00 元

冒险岛数学秘密日记

读者群：6~12 岁　开本：16 开

◆《冒险岛数学奇遇记》姐妹畅销漫画书

◆ 深受孩子们欢迎的数学应用漫画，通过漫画内容，让数学学习更轻松、更有趣、更扎实

◆ 小学数学新课标知识点与小学生校园生活、冒险故事相结合，风靡热读

◆ 故事与数学基础相结合，由易到难，逐步深入，系统化学习数学基础知识

◆ 强化平凡女孩纯洁心灵的力量，鼓励孩子们追求真善美

◆ 看漫画 学数学=其乐无穷，让孩子从此不再害怕学数学

◆ 送给数学基础运算环节薄弱孩子的礼物

这是一套写给儿童的漫画书，在读漫画故事的过程中加深对基础数学的理解。书中的故事是对真善美的弘扬，能滋养孩子的心灵；书中涉及的数学知识由浅入深，再加上与数学相关的百科故事，可以唤醒孩子对数学的热爱。看漫画学数学，从这套《数学秘密日记》开始吧！

——全国知名数学教师、“成为学习者”团队核心成员 吴宝森

第二辑共 5 册
定价：149.00 元

第一辑共 5 册
定价：149.00 元

第二辑共 5 册
定价：149.00 元

冒险岛语文奇遇记 读者群：6~12 岁　开本：16 开

◆ 韩国小学生中人气超高的学习型漫画系列，经久不衰

◆ 通过漫画内容，让汉字学习更轻松、更有趣、更扎实

◆ 每本收录100多个汉字，由易到难，分册学习，让汉字学习更加系统化

◆ 通过图画和练习题，轻松理解汉字语义

◆ 读看写相结合，让孩子能够主动记忆

◆ 本书采用了汉字自动记忆体系，即五步学习法

《冒险岛语文奇遇记》融合了幻想、幽默、战斗、友情等元素，带给孩子一场搞怪逗趣的奇幻大冒险！是能够让小学生轻松有趣学习语文知识、识记汉字的学习型漫画。在冒险岛主人公的故事中，自然而然地认知生字。而且，漫画和主人公对话相结合，对汉字进行解释，可以达到更好地学习效果。跟哆哆一起来冒险岛探险吧！

第一辑共 5 册
定价：149.00 元

第二辑共 5 册
定价：149.00 元

第三辑共 5 册
定价：149.00 元

第二辑共 5 册
定价：149.00 元

第一辑共 5 册
定价：149.00 元

学习漫画系列丛书

九州出版社
JIUZHOUPRESS

图书在版编目（CIP）数据

冒险岛数学神探．4 / 杜永军著绘．-- 北京：九州出版社，2019.2

ISBN 978-7-5108-7911-1

Ⅰ．①冒…　Ⅱ．①杜…　Ⅲ．①儿童故事－图画故事－中国－当代　Ⅳ．①I287.8

中国版本图书馆 CIP 数据核字（2019）第 029632 号

本漫画的主人公叫夏洛克。

夏洛克这个名字，取自历史上最有名的侦探小说《福尔摩斯探案全集》的主人公**夏洛克·福尔摩斯**（Sherlock Holmes）。

这部由英国推理小说家亚瑟·柯南·道尔所写的推理小说，从出版到现在已经过了 100 多年，仍旧被世界各地的人们所喜欢。

以夏洛克对手身份登场的神秘人物宇宙少年罗宾——他的名字也是取自跟福尔摩斯同一个时代出版的莫里斯·勒布朗的人气推理小说《亚森·罗宾探案集》。有趣的是，夏洛克是抓捕犯人的侦探，而罗宾则是个小偷，但和一般的小偷不同，他的外号是“侠盗罗宾”。

本漫画还有一位主人公阿加莎。不同于前面两个人，她的名字来自一位真实的小说家。

英国推理小说家**阿加莎·克里斯蒂**（Agatha Christie，1890 ~ 1976），被誉为推理小说女王。她小说中的“赫尔克里·波洛”，是一名实力不亚于夏洛克·福尔摩斯的名侦探。

好了，现在我们就和这三位主人公一起，开始有趣又刺激的冒险之旅吧！

出场人物

◀夏洛克（小学 1 年级）

性格冲动又特别随性。虽然有着超越常人的大脑，但不易被人看出，甚至给人有些笨拙的感觉。

▶阿加莎（小学 1 年级）

不折不扣的女汉子性格，不管什么事情都会挺身而出，不过经常处理得有些过头。

◀华生（小学 1 年级）

夏洛克的好朋友，沉着冷静，考虑周全。他像夏洛克的影子一样，在夏洛克遇到困难时为他提供建议，给予帮助。

▶罗宾&伊瓜因

行星纳土拉星球贝丽塔斯王国的王子。接受国王的命令，到地球上搜捕宇宙罪犯柯莱梅。

伊瓜因，外星人助理。拥有了不起的超能力，同时也是罗宾忠实的人生导师。

◀歌德&六角恐龙

德国武器公司——CH 茵普拉赫布公司的继承人。

来自宇宙昴宿第六星团的外星人。

▶疯小熊

纳土拉星球贝利尔军队第 7 战队副队长，长得很可爱，但讨厌被别人说可爱。

▲我最棒（小学 1 年级）

跨国公司 SS 集团的继承人，总是一副富家子弟的做派，所以给人的第一印象非常不好。

▲蒂碧&佛森

从小生活在马达加斯加的女孩，与动物们很亲近，身边一直带着像宠物一样的长尾灵猫佛森。

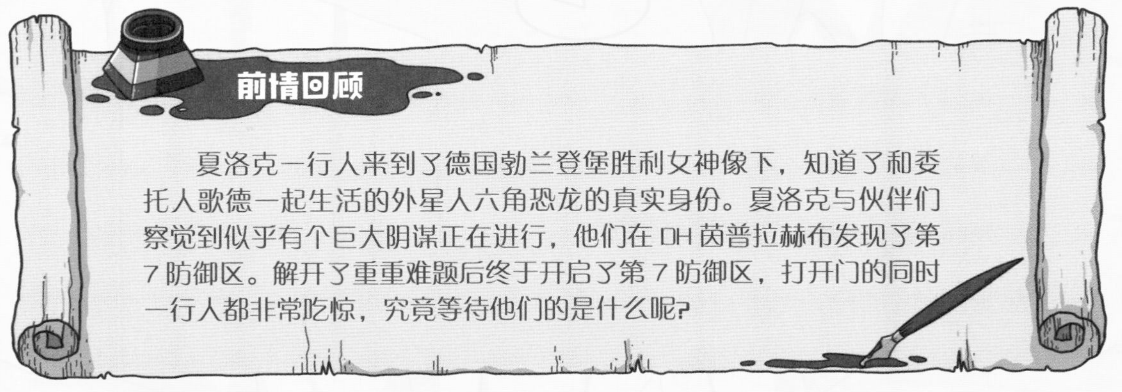

前情回顾

夏洛克一行人来到了德国勃兰登堡胜利女神像下，知道了和委托人歌德一起生活的外星人六角恐龙的真实身份。夏洛克与伙伴们察觉到似乎有个巨大阴谋正在进行，他们在 DH 茵普拉赫布发现了第 7 防御区。解开了重重难题后终于开启了第 7 防御区，打开门的同时一行人都非常吃惊，究竟等待他们的是什么呢?

目 录

4 寻找规律

马达加斯加岛的秘密

学习内容 [找规律]

生活中充满了规律。

我们平常使用的物品或商品中，也可以找出许多规律。比如墙纸的花纹、建筑物上刻着的装饰、展示台的摆设等。

如上面所述，规律就存在于我们的生活当中。

让学生们尝试寻找规律，有助于提高他们对数学的兴趣，也有助于他们解决日常生活中的问题。

1 疯小熊的出现!

快抓住这些人！
跳
是！
爸爸！
呃！
靠拢

嗒嗒
呃啊啊啊！
嗒嗒
正面迎战吧！
握紧
超电磁溜溜球！
迈进

呃！
什么？
飞出
六角恐龙！
危险，快让开！
嗡嗡嗡
还是让我来解决吧！我一定要拿回我的宇宙飞船！
六角恐龙激光！

哐哐
六角恐龙！
呃啊啊啊！
呃啊
啊啊！
咔咔咔

哐
哐
呃啊啊啊！
呃呃呃呃……
咔啊

嗖嗖嗖嗖

呃呃呃呃……

嗒嗒
嗒嗒
呃啊
喂，你们这些
家伙！站住！

伊瓜因，六角恐龙的真实身份到底是什么？
居然能使用这种技术，真令人吃惊！
嗒
嗒嗒

它跟我们来自同一个星球。
轻声耳语

除了我们，还有来到地球的外星人？
嗯！据说各个地方都有外星人呢。
嗒嗒
嗒
真的吗？

嗒嗒嗒
好想知道刚刚六角恐龙说的事情啊。

不，我们就不要再管了。
你说什么？

不行！我们得听完贝丽塔斯王国的故事！
是这里！
嗯？
啊啊啊！这是？
哦哦！
嘟咚
宇宙飞船？

天、天啊！居然真的有这种东西！

真的有UFO啊！

这就是Haunebu X-100！我们有多久没见了？

眼泪

汪汪

嘟咚

什么啊，这诡异的数字是？

+	1	2	3	4	5	6	7	8	9	10
10	11	12	13		15	16	17	18	19	20
9	10		12	13	14	15	16	17		19
8	9	10	11	12		14	15	16	17	
7		9	10	11	12	13		15	16	17
6	7	8		10	11	12	13	14		16
5	6	7	8	9	10		12	13	14	15
4	5	6	7	8		10	11	12	13	
3		5	6	7	8	9	10		12	13
2	3		5	6	7	8	9	10	11	12
1	2	3	4	5	6	7		9	10	11

这是值得炫耀的嘛！

怎么又是数字啊？我一看到数字就恶心！

这个是不是开门的密码啊？

六角恐龙，快用你的超能力试一下。

超能力不是所有事情都能解决的啊。

但是这种门，对我来说是小菜一碟！

等等！

一拳

咳呃！

哐

这里有警告，说是已经与自爆装置连接，不能强行开门。

这个就是
侦探的基本
观察能力。
这次你有点儿过激
了，差一点儿把我
们都炸飞了。
呃啊
果然是阿加莎。
到底是谁比
较过激？
罗宾要现在
离开吗？
嗯
不，这里有宇宙飞
船，我要再看看。
那也只能
这样了！
应该在空白的地方
填入什么数字呢？
快点儿打开啊，
刚才的叔叔们
要追过来了。
到我出场
的时候了。
嗯？
指

*转换：改变；改换。

*破解：揭破；解开。

你开玩笑吗？
咳啊
呜哇啊啊！
嘭
呃！
哐
呃啊啊！
谈定点
冷酷女的致命魅力！
晕乎
晕乎
我们不应该相信他的！
伊瓜因，用你的超能力可以解决吗？
什么？
我的超能力解决不了。再说了，我也不想尝试！
呃啊啊啊！
出汗
唉，怎么办呢？

走近
嗯，这个表，好像在哪儿看过啊。
真、真的是好可怕的女生啊！

小的时候好像看到过。
想

猛然
对啦，这个是？

我知道了——破解这个密码的方法！
回头

啊！
惊吓
什么？

真的吗？你知道破解密码的方法了？
好像是这样的。

这个密码跟小的时候学的加号表有点儿像。

+	1	2	3	4	5	6	7	8	9	10
10	11	12	13		15	16	17	18	19	20
9	10		12	13	14	15	16	17		19
8	9	10	11	12		14	15	16	17	
7		9	10	11	12	13		15	16	17
6	7	8		10	11	12	13	14		16
5	6	7	8	9	10		12	13	14	15
4	5	6	7	8		10	11	12	13	
3	1	5	6	7	8	9	10		12	13
2	3		5	6	7	8	9	10	11	12
1	2	3	4	5	6	7		9	10	11

什么？原来这么简单啊？

我们只要好好观察一下数字的排列，就可以找到一个很简单的规律。

把红色框里的数字相加的结果填在空着的地方就可以了。

啊！左上角有一个“+”啊？

请在下面加号表中的空格，填写正确的数字。

+	1	2	3	4	5	6	7	8	9	10
10	11	12	13		15	16	17	18	19	20
9	10		12	13	14	15	16	17		19
8	9	10	11	12		14	15	16	17	
7		9	10	11	12	13		15	16	17
6	7	8		10	11	12	13	14		16
5	6	7	8	9	10		12	13	14	15
4	5	6	7	8		10	11	12	13	
3		5	6	7	8	9	10		12	13
2	3		5	6	7	8	9	10	11	12
1	2	3	4	5	6	7		9	10	11

答案在26页

开启

哇啊啊啊！门开了！

问题答案 （从上到下）14，11，18，13，18，8，14，9，15，11，9，14，4，11，4，8

哐

!!!!!!!

＊防御区：抗击敌人进攻的防守的区域。

还有就是，我不是歌德的爸爸……
咳啊啊！
撕开
他是怎么了？
??!!
跳

跳

我是纳土拉星球贝利尔军队第7战队副队长——疯小熊！

呜哇啊！

纳土拉星球？

我最讨厌的话就是
“好可爱”！竟然敢对
无敌战士说这种话！
握拳

期待一下吧，
我要让你们堕
入地狱……
笑

呃呃呃！
惊吓

怎么办！这根棍
子也好可爱啊！
HA
我也好想要
一个！
唔
HA
HA

你是从纳土拉
星球来的？
嗯
嗯

那么，你应
该有事要跟
我聊聊……
瞪眼
你、你是
什么家伙？

跳跃
去吧！
！！！！
紧贴
这位就是纳土拉星球的王子……
嘟咚
——罗宾！
什、什么？他是纳土拉星球的王子？
你说的贝利尔军队是什么？

动
动

睁眼
呃呃呃……

啊啊！
六角恐龙！
嘟
咚

六角恐龙！
你还好吗？
快醒醒！
呃呃呃，我还好。你没事就……好……

六角恐龙！
嗖嗖嗖

你是为了救
我才……
嗒嗒
嗒
我们要赶紧
离开这里！

本来以为是给宠物找玩具的，没想到是这么严重的事情！
感觉后面有更大的阴谋……

我们要去哪里啊？六角恐龙都伤成这个样子了……
没、没关系。你们不用担心我，快离开这个危险的地方。

你说什么呢！要走一起走！

不，我知道我快要不行了。
拜托了，你要安全离开这里。

这里，我来想办法扛着。
不行！
沙沙
没时间啦！

张嘴
啊！侦探团！请帮我解开这个太空舱*的秘密吧……
这里面有什么东西啊？
我也没钥匙，没打开过。只是听说这里有秘密地图……
* 太空舱：宇宙飞船上供航天员工作、生活的座舱。
你是说秘密地图？
本来我想坐我的宇宙船去的，但是不行了……
要去哪儿才能找到这个秘密地图的钥匙呢？
去国家代码是MDG，经度*为东经46度、纬度*南纬20度的地方，找到“大卫王之星”。
* 经度：地球表面东西距离的度数。
* 纬度：地球表面南北距离的度数。
纬度
经度
大卫王之星？
停住
呃啊啊
贝利尔军队是什么啊！

国家代码 MDG，
是哪儿啊？
经度、纬度，
我们都还不
太了解呢……
这样啊，我也不知道国
家的具体名称，只知道
GPS* 上的信息……
国家代码 MDG，
让我瞧瞧……
呃啊啊！
怎么了，我最棒？
找到是哪儿了吗？
*GPS：全球卫星定位系统的简称。
国家代码 MDG，是
非洲大陆东部 400 千
米的马达加斯加岛！
举出
吃惊
什么？非洲？
马达加斯加岛？

全称是马达加斯加共和国！
位于非洲大陆的东边 400 千米，印度洋上的一个岛国。
马达加斯加
马达加斯加的面积，是海南省面积的 16.6 倍。
去那么宽阔的地方找“大卫王之星”，是不可能的事情吧。
会比大海捞针还要难吧。
说起非洲，应该会有很多猛兽吧。
好！这个委托的案子我们接了！
什么？
握
拳

夏洛克！要去那么危险的地方，你有没有想清楚啊？
大家镇定点儿！
伸手
大家不要害怕啊！我们可是要成为地球第一的侦探团啊！
眨眼
吼吼吼！
虽然我们是侦探团，但非洲有点太危险了！
而且歌德哥哥委托的案子，我们一个都还没解决呢。
走近
好不容易来了趟德国，不能就这样回去吧？
我们要帮助歌德哥哥彻底解决这个案件。
夏洛克，真谢谢你。

说的很有道理呢！这次我们确实什么都还没做。
对啊，对啊！不能这样退缩！我们要勇敢面对！
要是阿加莎去，我也去……
吼吼吼
大家都这么赞成我的意见……说明我是真正的队长了！非洲，应该很有趣吧！
哐
呃啊！
嗯，非洲……看来要把地球上各个地方都去一遍呢。
转头
蹭起
我们没时间了！快，把你知道的事情都说出来吧！
我什么都不知道！
我们也去看看吧？我也挺想知道秘密地图的真实面目……

亮光

??!!

啊啊啊?

咳啊啊啊！

啊
啊
哐
啊

六角恐龙！

哐

哐哐哐

呃啊啊啊！

咳！咳！

啊？

嘟咚

不、不要！

六角恐龙！

咳呃呃呃！
捧起

歌……歌德……能跟你在一起……我很开心……你要保重……
我的——朋友……
软
啊啊！
亮光
不要啊！

歌德，我们该回去了，你要不要跟我们一起回去啊？

不、不了。我要留在这处理公司的事情，

也需要找一找我老爸……

六角恐龙的最后心愿，我们一定会帮他完成的！

紧握

谢谢你们了，我会等你们的好消息。

再见了，各位侦探朋友们！真是谢谢你们了！
再见，歌德哥哥！
我们会再联系你的！
好了！我们该回家了！
抓紧吧！

我要调查一下公司到底发生什么事了……

从加号表、乘号表中找到规律

问题 1

高科技装备需要 9 个半小时才能解开的密码，竟然是一个极其简单的加号表！在下面的加号表中，寻找规律并填写对应数字吧。

+	1	3	5	7	9	11	13	15
1	2	4	6	8				
3	4	6	8					
5	6	8						
7	8							
9								
11								
13								
15								

现在知道什么是加号表了吧？很简单的，你也能完成它哦，试试看吧。

请不要无视我这个 SS 集团的继承人。

答案在144页

问题 2

已经完美解开加号表了，试着找一下乘号表的规则，填写下面表格吧！

×	1	2	3	4	5	6	7	8	9
1	1	2	3	4	5				
2	2	4	6	8					
3	3	6	9						
4	4	8							
5	5								
6									
7									
8									
9									

这么难的乘号表，只有我这种继承人才能解开！

这个好像也有简单的规律吧……

这次歌德哥哥也能解开吧？

把涂上颜色的横竖两列数相乘，写在两个数相交叉的地方就可以了。

伊瓜因，真的有规律吗？

看一眼不就能找到规律了吗？这是乘法啊。

2 神秘岛——马达加斯加岛

什么？你们见到了外星人？

博士，是真的！我们怎么可能说谎呢？

出汗

七嘴八舌

爸爸，爸爸，你是不是早就知道有外星人这件事！

博士！快帮我们发明可以对抗外星人的武器吧！

孩……孩子们……你们能不能一个一个说啊？

你们是说在德国的第7防御区见到外星人了？
流汗

知道了！知道啦！
嗯！好像有什么巨大的阴谋！
还有，我们需要去找六角恐龙委托的秘密地图的钥匙！

那个传言，竟然是真的啊。之前还听说SS集团跟外星人有来往……

嗯？有那种传言？
嗯！这个听起来很有趣啊！

这种机密，竟然连区区一个研究员都知道，保密工作做得好差啊！
担忧

那个秘密地图的钥匙，据说在马达加斯加岛。
震惊
什么？马达加斯加岛？

所以啊，博士帮我们把这个传送枪的性能提高一些吧。
拿出
一个小时太短了，实在很难好好解决事情啊。
你不说我也打算给你们升级了，前些日子阿加莎也拜托我来着。
稍微等一下哦！
哦哦哦！好期待啊！
呼呼
气喘
好了！完成了！
吼吼吼！忘掉以前的传送枪吧，它已重新诞生了。

* 力作：精心完成的功力深厚的作品。

你们这些家伙，疑心还真重啊！那现在就给你们看看！
不、不用了！博士！相信！我们相信您！
嗡嗡嗡
超级传送枪MK-2！开火！
强光

呃啊啊啊
呃啊啊啊！
嗖嗖
好刺眼！
比MK-1传送枪的时空门*大了好多啊！
嗖嗖
*时空：时间和空间。
爸爸真的好厉害啊！
博士！您太棒了！
呃……现在相信我了吧？哎呀！

同时还有手表，可以
整理这些数据并展示
给你们看哦。

GPS芯片　收集信息　位置追踪与管理

好了，我为你们每个人都准备了一双，过来穿一下吧。
嗒哨
套进去
哇啊啊！博士，这个鞋好轻啊？
蹦跶
蹦跶
那是当然，毕竟是用了高科技新材料，哈哈！
只要这样走路就能随时看到心跳的快慢！
跳跳
天啊……比我最高级的名牌运动鞋还要轻耶？
爸爸！这个设计太好看了！

阿加莎
夏洛克
毕生
来，看看吧。这就是你们现在的信息。
亮
嗯？
夏洛克
HEART
22.30.45
HEART
22.30.45
毕生
我最棒
现在你们的位置、心跳数、身体状况，都能从这里一眼看到。
哔哔哔
也就是说，从现在开始你们可以随心所欲地享受冒险的乐趣了！
爸爸，这真让人放心啊！
跳起
好嘞！那么，我们现在就出发吧，向着马达加斯加前进！

等等！
伸手

在执行任务之前，你们是不是忘了什么东西？
忘了什么啊？爸爸！
停住

这些家伙！任务归任务，学校的作业还是得先完成吧？
发火
还有，现在可是晚上啊，各自先回去好好睡一觉，明天再出发吧！
啊啊啊？作业啊？

那么……今天都这么晚了，我们明早再出发吧。反正明天是周六，对吧？

好，那明天早上7点，在我家门口见吧。
唉！
好，那明天见。

叽叽叽
我来啦！
嗒嗒嗒嗒
夏洛克是刚好 7 点到的呢！哈哈！
哦？华生，你已经到啦？
握拳
好了，那我们向马达加斯加出发吧？
好期待啊！
等等！我最棒还没来呢。
是吗？
嘟嘟
嗯？

嘟嘟
什么啊？

停

滋
大家来得真早。
我最棒？

喂，我最棒！你这到底是什么？
亮
吼吼吼！吓一跳吧？这是我为了你们专门弄过来的宿营车。
晶晶

天啊！
好酷啊！

就知道会这样！
你以为我们是去
露营的吗！
救命！
嘭
现在这种情况，还
要什么宿营车！

看来大家很喜欢
这辆车！
偷笑

咳呃呃呃！
哐哐哐哐
你还好吧？
啊啊！
我还好。
晕乎乎
晕乎乎

好嘞！突击侦探团都
到齐了，那就出发吧！

稍等一下哦，歌德！
我们一定会把秘密地图的钥匙找到的。
嗡嗡嗡
超级传送枪 MK-2！
亮光
开火！

唰啊
期待吧，
开启神秘世界！
啊啊

可是，罗宾啊，

怎么了？

说到马达加斯加，
那里是不是很热、又有
超大森林啊？穿着这么厚重
的斗篷，没关系吗？

唰啊啊

吼吼！真正帅气
的人，是不会在
意周围环境的。

好了，走吧！向
着马达加斯加！

嗒嗒

嗒嗒

呃，你肯定
会后悔的！

世界第四大岛屿，
神秘的马达加斯加岛

空旷

呜哇啊啊！

哒哒

哒哒

快看这些树！

这个地方真
不错啊！

马达加斯加位于印度洋西南部，与非洲大陆隔着莫桑比克海峡。
这个地方从很早之前就被分给了非洲大陆，但马达加斯加与非洲大陆在自然生态环境和居民构成等多方面有着明显的不同。

* 猴面包树：大型落叶乔木、果实巨大，甘甜多汁，是猴子等动物最喜欢的食物，因此称猴面包树。

出现
咳咳
嗯
沙沙
回头
好奇怪啊，刚刚明明有沙沙沙的声音？
哈啊啊，话说回来，在这么空旷的地方，怎么找“大卫王之星”啊？
说的是啊，唉！
哒哒
哒哒
差一点儿就被发现啦！
咳噜噜噜！

大家都要小心点儿啊！这里好像有很多危险的虫子呢。
沙沙
沙沙
不知道能不能在三个小时内找到呢。
回头
……！
出现
笑

哈哈！
好热啊……
看吧，我说过穿斗篷很热吧！
大汗淋漓
哒哒
哒哒
04
可爱！
吵死啦！快让那个跟在你身后的朋友走吧。
哎呀！真是好烦啊！我都说了我跟你不是同类！

血浓于水，她
跟你看起来像
同类啊？
闹闹
吵吵
你在说什么呢！
只是外形长得
像而已！
闪亮
嗯？
亮
光
啊啊啊？
这、这是……
《真实之书》？
为什么会在这
种地方出现？

嘟
咚
开启大卫王之星！打开它你可以找到《真实之书》

什么啊！柯莱梅怎么知道大卫王之星的？
咳呃……柯莱梅这家伙！每次都比我们抢先一步。
是啊……而且他好像知道我们要来这里耶？

柯莱梅！你到底是什么人？竟敢愚弄*我！
抓狂
展开
S1
罗宾，你先冷静一下，快看这幅画是什么意思呢？
这个啊……看起来像是我们站着的这棵树呢……S1是区域1（Sector 1）？
这么说，这里就是……
啊啊啊啊！
嗯？

* 愚弄：蒙蔽玩弄。

嗖嗖嗖
弹跳
啊啊啊啊！
救命啊！
阿加莎！

嗒嗒嗒
快放开阿加莎！
出现
??!!
停住
嗯？
摇头
摇头
摇头
叔、叔叔！你们要对阿加莎做什么啊？
呃呃呃
你以为拿着矛，我们就会害怕吗？哼！

哼！你们的朋友，会被当作我们神圣的祭品！

晕

呃啊！

拜托你了，放了阿加莎吧！

吵吵

不可以！这是族长决定的，绝对不可以！

闹闹

虽然说是漫画，但竟然可以跟原始部族对话……

倒地

落地

啊啊？导航仪X，你怎么来啦？

回头

哈哈！刚好路过这里，看到朋友们有难，就来帮一下忙。

夏洛克，我们要赶紧去救阿加莎啊！
对哦！
呼！

伊瓜因，你能找到阿加莎的位置吗？
你以为我是人造卫星啊？

啊哈！GPS！只要追踪阿加莎鞋子上的GPS定位，我们就可以找到她了！
什么？

那么，赶紧找找吧！快啊！

找到了！在前方*3km位置，还在继续移动呢！
car GPS
哔哩哩

移动中？往哪儿啊？
这个嘛……我也不太清楚呢。就这么一小会儿，就移动了3km啊？

* 前方：前面。

等等我，
阿加莎！
我来啦！

喂，夏洛克！
等一下！我们
一起去！

嗒嗒

嗒嗒嗒
他们走了！
哼！真是一群麻烦的家伙！
罗宾！我们要怎么办啊？要跟着他们去吗？
唔！
跳
我们也先跟过去看看吧！

尖叫
啊啊啊啊！
救命啊！你们要带我到哪里去啊？
哎！吵死了。

好奇怪啊，从
这里开始 GPS
信号就断了！
呼 呼
呼
嗒 嗒 嗒
我有种不祥
的预感……

嘟咚
他们到底去哪儿了呢？前面有座这么大的山堵着！
嗒
嗒 嗒
嗯？
怎么会这样……
哈啊！哈啊！喂，伊瓜因！从这里开始，你能找一下吧？
什么？
你在说什么呢？我说过了我不是人造卫星！
那你这家伙到底能做什么啊？
瞪眼

沙沙
嗯？
想找回你们被
抓的朋友吗？
走出
咳啊啊啊！这
不是狮子吗？
狮、狮子
出现啦！
佛森！他们说你
是狮子呢？
哼！小鬼们！我
是长尾灵猫佛森。

马达加斯加长尾灵猫

生活在马达加斯加地区性情凶恶的食肉动物。面部长得与猫科动物很像，不仅对声音敏感，视力好，嗅觉也很灵敏。

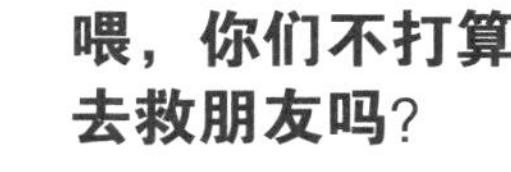

什么？朋友？

你是在说阿加莎吗？

嗯

小朋友！你见过阿加莎吗？

那个姐姐的名字叫阿加莎吗？当然看到过啦。

带走阿加莎姐姐的是米卡雅部族的人，米卡雅部族是住在狐猴森林的原始部族之一。

你们要是再不赶紧去救她，那个姐姐就会变成神圣的祭品。

会变成祭品？

惊吓

嗯，每年的这个时候
他们都会祭拜狐猴森林
的精灵，祈求丰收。
所以会抓个年轻的
祭品做祭拜，祈求
一年的大丰收。
这些被抓来的祭品，
在祭拜结束之后……
祭拜结束之后
会怎么样啊？
会被火烧掉！
惊吓
什么！
用火烧掉？
你说的是真的？
会被烧成一
团灰的！

米卡雅部族的性格很急，所以你们需要赶紧……

等等！

什么

喂，小鬼，我们凭什么相信你的话？你也很可疑啊！

你说什么？

你不会是刚刚那个部族的人吧？所以你是要把我们所有人都抓回去？

你旁边那个巨大的动物，不会是猫吧？

那、那么……

你自己确认一下吧！佛森是不是猫……

张嘴

呃啊啊！

咳噜噜！

等、等一下啊！
是我们误会了，真是对
不起啊。我们是突击侦
探团的，你是谁啊？

我的名字叫蒂碧，
马里奥·蒂碧！

我？
嗯、嗯呢！你看起
来不像非洲人……
咳啊啊

多亏了摄影师老爸和动
物专家老妈，我从小就
在马达加斯加长大。

所以动物们
跟我很亲近。
救命啊
咳啊
啊啊！原来如此啊。你叫
蒂碧啊？名字很好听啊！
能让佛森停下来吗？

佛森，停下。

哼，好不容
易可以吃一
下的……
吐
呃啊啊！

呃啊啊啊……
这里是天堂？
还是地狱啊？
颤抖
蒂碧，你能带我们去米卡雅部族所在的地方吗？
只要开启你们后面那扇门，就能通往米卡雅部族了。
指
什么？
震惊
怎么打开这么巨大的石头门啊？
什么？
要打开那扇门，就需要找出你们脚下石头的规律。

震
呜哇啊啊!
惊

要打开巨大的石头门，就要知道脚下空白处要填写的数字。
我数学很差的，据说下面的数字有着一定的规律性……
只要找出数字的规律，把和空白处数字之和一样重的石头放进洞里，门就会打开。
怎么样？很难吧？还是把我爸爸妈妈叫过来……
啊啊，就这样的题啊？
吼吼呀
嗯？
我们可是解这种题的专家啊！
握拳

嗒哨

			1	2		4
5	6		8	9	10	
12		14	15		17	18
19		21		23	24	25
26	27		29	30		

大概会出来这种表格呢？

这是什么啊？好像在哪看过啊？

对啊！这种数字排列，我们在日历上看过吧？

什么呀！要是日历的话，规律很简单吧？

从左到右是 +1，从右到左是 −1，对角线从左上角到右下角是 +8，对角线从右上角到左下角是 +6！

+1 →　+6　+8　← −1

			1	2	3	4
5	6	7	8	9	10	11
12	13	14	15	16	17	18
19	20	21	22	23	24	25
26	27	28	29	30	31	

3+7+11+13+
16+20+22+
28+31=

151

按照这种规律，把空白处的数字相加，就得到了 151。

在周围找一个看起来像是 151g 左右的石头，拿过来称一下。

在下面数字排列中，找出涂底色的数字的规律吧。

5	6	7	8	9	10
11	12	13	14	15	16
17	18	19	20	21	22
23	24	25	26	27	28
29	30	31	32	33	34

➡ 答案在底部

答案

问题答案　每个格子增加 7。

跳
呜哇啊！这些哥哥们，真是天才啊？
我们现在去救阿加莎吧！
把这个 151g 的石头放在洞里的话……
呜哇啊啊！石头门开啦！
打开

从日历中寻找规律

问题 1

我最棒、夏洛克、华生和罗宾正在日历上标记东西呢。找找日历上画○的日子的规律吧。

什么啊！是谁在日历上这么乱画的！害我不能标记我的生日……

周日	周一	周二	周三	周四	周五	周六
1	2	3	4	5	6	7
8	9	10	11	12	13	14
15	16	17	18	19	20	21
22	23	24	25	26	27	28
29	30	31				

规律 ______________________________

问题 2

夏洛克在日历上涂鸦后把日历撕下来了，12月25号是星期几呢？

(　　　　　　　　　　　)

3 救出阿加莎

开门

呃啊啊啊！怎么有种阴森森的感觉呢？

是、是啊……

嗡嗡嗡

但也要走！等等我，阿加莎！

跑

啊啊！等等我们，夏洛克！

嗒嗒嗒嗒

哎，你这急性子……

对不起啊，蒂碧。夏洛克连招呼都不打就走了……
没关系的！赶紧去救阿加莎姐姐吧。

出大事了……在救出阿加莎之后，还得去找“大卫王之星”，可是没有时间……
嗯？

我最棒！我们也赶紧过去吧！
好！为了救出阿加莎，赴汤蹈火我都愿意！

等等，你刚刚说的是“大卫王之星”？
嗯？你知道“大卫王之星”吗？

嘟咚

这、这又是什么？这种洞里怎么会有这么巨大的石头门呢？

哐
哐
哐
喂！开门啊！你们不要把阿加莎当成祭品！
夏洛克！夏洛克！我知道了！
嗯？
嗒
嗒
嗒

所以说，阿加莎被当作祭品举行仪式的地方，就是大卫王之星。
虽然不知道从大卫王之星里面出来的力量是什么，但我们首先要去阻止那个仪式。
真是太好了……
握紧

既能救出阿加莎，又能找到大卫王之星……
嗡嗡嗡
首先我们应该打破那扇门，去阻止仪式吧？
超电子溜溜球！最大力量！

扔出
嚯啊啊！
哐
弹
什么啊？超电子溜溜球不管用？
哐
轮到我出马啦！亚历山大光最强威力！
（说什么呢？）
呔呔呔

呃啊啊啊！
我最棒！
小心点儿！
哼！吵死啦！
我要用激光枪
毁了那扇门！
嗒嗒
嗒
绊倒
滑倒
嗯？
呃啊啊啊啊！

嗞嗞
啊啊啊啊！因为激光，感觉整个身体都要融化啦！
嗞嗞
呃啊啊啊！救命啊……
嗯？
嗞嗞
呃，嗯？什么啊，这是？
你在干吗呢……
啊哈哈哈……
哼，胆小鬼。就这么点儿激光，身体是不会被融化的。
拍拍
吵死啦！真的是吓一跳好嘛！
你到底要什么时候才能给我打起精神来啊！
呃啊
呃啊！

金刚石是地球上最硬的石头。

最硬的石头？

金刚石也叫钻石，是一种很贵的宝石。

钻石不仅可以切成各种宝石，也能切割其他物体。

呲啦

我，钻石，因为很硬，所以在切割其他石头的时候会用到我。

寂静

怎么办啊……都不知道现在阿加莎在里面怎么样了？

啊啊……
嗯？
啊啊啊啊！
这是什么！
惊
震

喂，叔叔！你快放开我啊！你这样我可是会生气的啊！
＃$%^*(＃%&(
@＃%＃%&^*……

咳啊啊啊……你在抹什么东西呢？
抹

抹
不要啊！不要在我脸上抹东西啊！

夏洛克，华生！你们在哪儿啊！快来救救我！

夏洛克！

心跳
??!!

咳啊啊啊！
怎么了，夏洛克？
总有种不祥的预感……

话说，这个数字板有什么意义呢？是让我们按这些数字之和吗？
但是啊，这个数字板的和是 45。
4 9 2
3 5 7
8 1 6
10 11 12 13 14 15
16 17 18 19 20 21

石头按钮只到 21 呢，到底是让我们怎么弄啊！
嗯！

分析完毕！
什么？
你知道了？

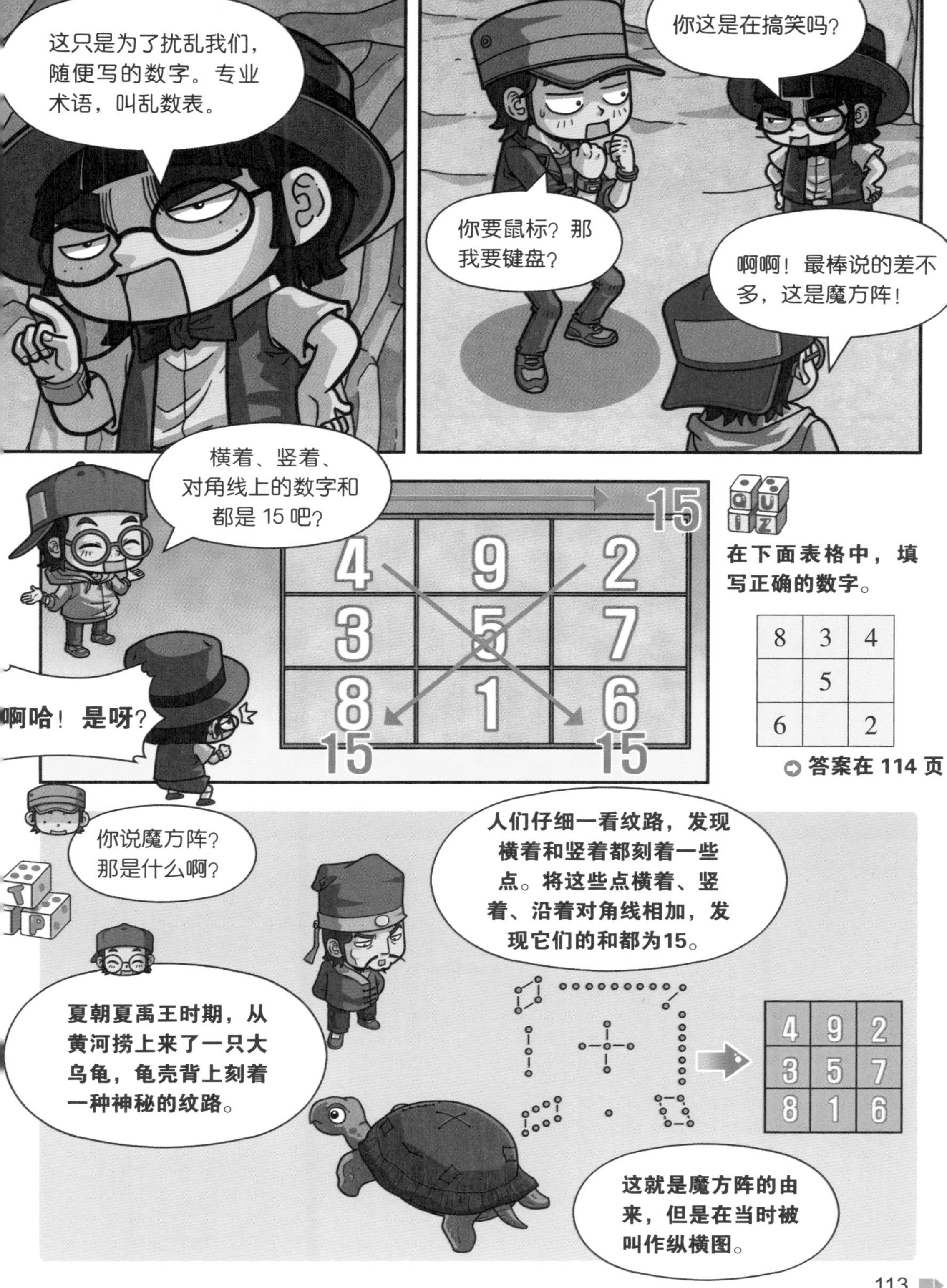
这只是为了扰乱我们，随便写的数字。专业术语，叫乱数表。
你这是在搞笑吗？
你要鼠标？那我要键盘？
啊啊！最棒说的差不多，这是魔方阵！
横着、竖着、对角线上的数字和都是 15 吧？
15
4 9 2
3 5 7
8 1 6
15
15
啊哈！是呀？
QUIZ
在下面表格中，填写正确的数字。
8 3 4
5
6 2
答案在 114 页
你说魔方阵？那是什么啊？
TIP
夏朝夏禹王时期，从黄河捞上来了一只大乌龟，龟壳背上刻着一种神秘的纹路。
人们仔细一看纹路，发现横着和竖着都刻着一些点。将这些点横着、竖着、沿着对角线相加，发现它们的和都为15。
4 9 2
3 5 7
8 1 6
这就是魔方阵的由来，但是在当时被叫作纵横图。

所以呢，这个不是把文字替换为没有规律的数字的乱数表，
而是每行、每列以及对角线上的数字之和都相同的魔方阵。
哦哦！魔方阵啊……
哼！是我想得太复杂了。

但是，米卡雅部族是原始部族，他们是怎么知道魔方阵的呢？

这么想想也是哦。
对吧？总感觉不太对劲。

但我们不是要先救阿加莎吗？
对啊！

每行、每列的和都是 15，那就试着按一下 15 看看吧！
按下

开启
好了！门开了！

问题答案

1		9
	7	

呜嘎嘎？
回头
嗯？
嗯
啊啊啊！怎么还有看门的人啊？
嘎咯嘎咯！呜嘎嘎嘎！
冲过来
咯啊啊啊！

怎么办啊！
我们也要被抓过去了啊！
紧握
放心！这里有我……
滋滋
扔出
他们就交给我吧！

咯啊啊！
咳呃！
砰
砰砰

走近
呃！真是个暴力的家伙。
是啊！
打碎
害怕
到刚刚
猴面包树
罗宾……
吵死啦！
因害怕佛森，直到刚刚还躲在猴面包树上面的罗宾……
但是啊，伊瓜因，你不觉得这里很奇怪吗？
什么很奇怪啊？
抬头
我也说不清楚，但总有种熟悉的感觉。
我们先跟着他们吧，先弄清大卫王之星是什么。
好的。

加速
赶紧吧！
嗒嗒嗒嗒
阿加莎！再等一会儿！
我们这就来啦！

（好了，我们现在开始举行仪式吧！）
咕呜呜呜
（祭祀神明，祈祷我们部族今年也可以繁荣昌盛，迎来大丰收！）
（这就是我们今年的祭品！）
嗯？
指
什么啊！为什么大家都这么看着我啊！你们也知道我很漂亮！
咯呜啦啦！
咯呜啦啦——
呜哦哦
你们快放开我，我的朋友不会饶了你们的！

嗯？

走过来

咕噜噜啦！
咽口水

喂，小毛孩！你那是什么表情啊！这么奇怪的表情，不会是？

食人族？
惊吓

不、不会真的是
食人族吧？不，
应该不是的！
听说食人族是吃
活生生的人……
抖抖抖

啊哈
哈哈
不会的！肯定不会
的！现在可是21世
纪，高科技时代啊！
燃烧

（好了，现在要
正式开始上贡祭
品的仪式了！）
嗯？火？

松口气
唉！真是万幸，原来他
们会用火啊，那至少不
是吃活人的食人族啊。
唉，也可能是用
火烤了再吃吧。

呃！用火烤？
惊恐

（吼吼吼吼，真是个新鲜的祭品啊，神明一定会喜欢的。）

拿近

叔、叔叔……为、为什么要拿着那个东西过来啊？啊哈哈，不是吧？

跑过来

阿加莎！
我们来啦！

你们这些家伙！在对
阿加莎做什么呢！

伙伴们！

呃啊啊？

唰啊啊

啊啊！

咳呃呃！
这是什么？

（哼！来了一
群捣乱者。）

呃啊

不要啊！

呃啊啊！我们
不能动啦！

（是一群妨碍神圣仪式的家伙！好好看着他们，等仪式结束了再处理！）
（知道了！）
困
住
喂，你们在干什么啊？快点儿来救我啊！你们怎么能这么轻易就被抓住了呢！
咳呃呃呃！阿加莎……
（吼吼吼吼！我们继续进行仪式吧。）
跪下

笑
啊啊啊啊！快
把火拿开！要
被点燃啦！
（天上的万物之灵
啊！为了我们部族的
繁荣与大丰收……）
念叨
念叨
（万物之神啊，我们将
献上祭品，拜托您好好
保佑我们部族吧！）
拿近
阿加莎！
不要啊！
啊啊啊啊啊！
我不想死啊！

不、
不会吧！
燃烧
着火啦！
燃烧
陷入危机的突击侦探团，他们的命运会如何，故事就此结束了吗？

寻找规律，解决问题

问题1 周末，突击侦探团成员们来电影院看电影啦。找一找我最棒要坐的位置吧。

（1）电影院的座位号是有规律性的哦，在下面的□里填写恰当的词语吧。

从前向后□是一样的，是按英语字母顺序出来。

（2）我最棒的位置在华生的前排左边一个位置。我最棒的座位号是B列几号呢？

（　　　　　　　　）

问题 2

突击侦探团来到了棒球场看球啦。棒球场座位有什么规律呢？

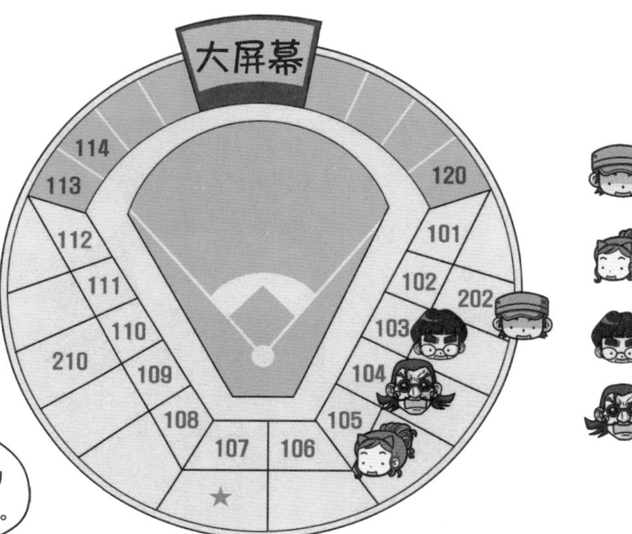

202 号

105 号

103 号

104 号

这是棒球场的放大版哦。

哇啊啊　哇啊啊

不愧是国家队，太棒啦！

我们的视野好棒哦！

我也来看棒球啦！

108　107　106　105　103　101

209　208　207　206　203　202　201

（1）观察棒球场座位排列，在正确的描述上画个○吧。

座位号从最小的数字开始，按照（顺时针，逆时针）方向变大。

（2）大屏幕是在几号和几号座位之间呢？

（　　　　　　　　　　　　）

（3）作者的座位是几号呢？

（　　　　　　　　）

（4）华生想坐的座位是用★标记的地方。★标记的位置是几号呢？

（　　　　　　　　）

故事数学 问答题

故事1 从乘法表中找出规律

同一行、同一列的乘积，会按照一定规律变大。

折叠时叠在一起的数字是相同的哦。

虽然阿加莎在看到我最棒开来的宿营车时生气了，但其实内心是很开心的。她想要偷偷地开一下宿营车的门。

1 红色线圈着的数字，从左往右依次增加了多少呢？

( )

2 找出与红色线圈着的数字有相同规律的竖列，用画笔画出来吧。

( )

3 按照顺序，写出 5 的倍数的个位数吧。

( )

4 5 的倍数的个位数，有什么规律呢？

( )

答案在145页

蒂碧在给孩子们看乘法表。

5 沿着虚线折叠，在与☆重叠的数字上画个○吧。

（　　　　　　　　）

6 沿着虚线折叠时，①与②会相重叠。下面写出①，②上的数字吧。

①（　　　　　　　　），②（　　　　　　　　）

7 将乘法表折叠时，相互重叠的数字会相同。给出一句话，将下面的□里填写完整。

⇨ 在乘法中，将相乘的两个数互换，乘积将□。

8 观察乘法表中积的个位数，寻找规律填写下面表格。

（1）2 的乘积：2、4、□、8 之后是 0，

之后再重复 2、4、□、8。

（2）5 的乘积：5、□，之后继续重复。

（3）9 的乘积：□从左往右依次减小。

故事数学 问答题

故事 2 从日历中寻找规律

日	一	二	三	四	五	六
	1	2	3	4	5	6
7	8	9	10	11	12	13
14	15	16	17	18	19	20
21	22	23	24	25	26	27
28	29	30	31			

- 一个星期分为星期一、星期二、星期三、星期四、星期五、星期六、星期日。

⇨ 一个星期 =7 天

- 左侧日历中，为周四的日子有 4 号、11 号、18 号、25 号。

下面是歌德生日和演奏会的日历。为了安慰歌德，朋友们好像在认真准备什么东西呢。（这个月只有 30 天。）

是歌德哥哥的生日啊？要给他准备礼物呢！

日	一	二	三	四	五	六
				1	2	3
4	5	6	7	8	9	10
11	12	13	14	15	16	17
18	19	20	21	22	23	24

9 歌德的生日是 9 号，生日的七天后是星期几呢？

（　　　　　　　　）

10 演奏会是 19 号，演奏会的七天前是星期几呢？

（　　　　　　　　）

11 写出这个月所有的星期四吧。

（　　　　　　　　）

答案在145页

这个是米卡雅部族为了祈祷丰收调查下雨天的日历。(这个月有 31 天)

12 这个月的 1 号是星期几呢?

( )

13 第二周的星期五下雨了，下雨的日子是几号呢?

( )

14 下雨后的第九天，他们打算祭祀祭品，这一天是星期几呢?

( )

15 米卡雅部族每个星期五都会进行大扫除。这个月要进行几次大扫除呢?

( )

16 下个月 1 号是星期几呢?

( )

故事数学 问答题

故事 3 寻找规律，解决问题

从物品的颜色、模样、个数等寻找规律。

疯小熊的魔法棍的颜色，按照一定的规律在变化哦。猜猜看第十三根棍子的颜色吧。

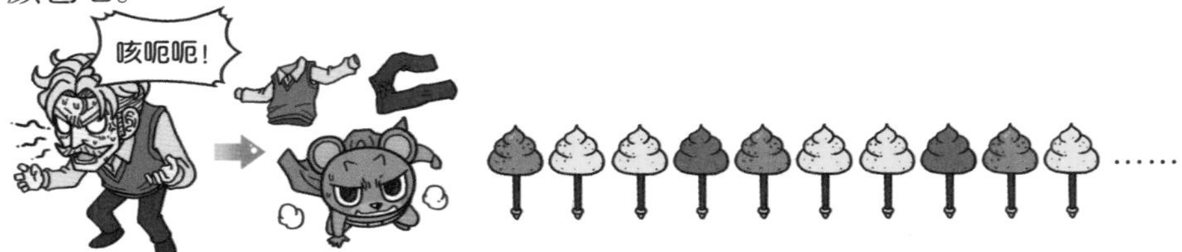

17 在下面□里填写魔法棍颜色变化的规律吧。

□ - □ - □ - □ 的规律重复着。

18 第十三根棍子的颜色是什么？

（　　　　　　　　）

19 阿加莎的爸爸按照下图摆放了棋子，第四张里摆放的棋子会有几个？

（　　　　　　　　）

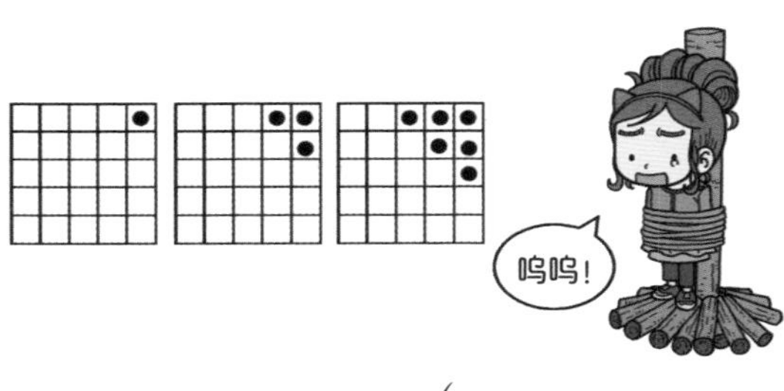

（　　　　　　　　）

答案在145页

在马达加斯加岛穿着斗篷的罗宾感到非常后悔，拜托伊瓜因为他准备其他的衣服。回答一下 20 ~ 21 题吧！

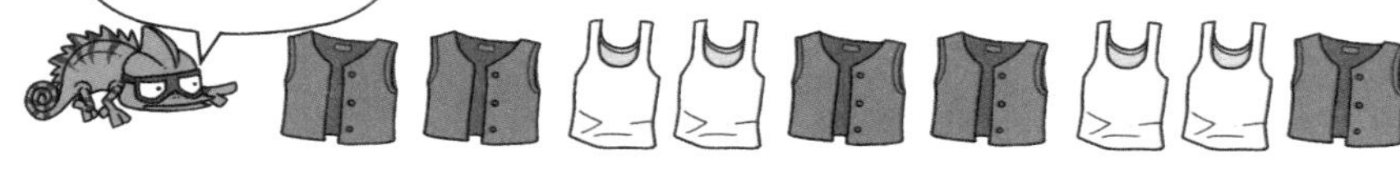

20 找出伊瓜因准备的衣服的规律吧。

交替着摆放了□件马甲，□件背心。

21 伊瓜因放的第十件衣服是什么衣服呢？

( )

1 在奥运会场门口，飘着各个国家的国旗。中国国旗在左数第七个、右数第八个位置。会场门口总共有多少面国旗呢？

（　　　　　　　　）

2 棒球场售票处有 30 个人排队呢。振元排在前面第五位，振元的朋友俊雄排在倒数第十二位。振元与俊雄之间，总共有多少人呢？

（　　　　　　　　）

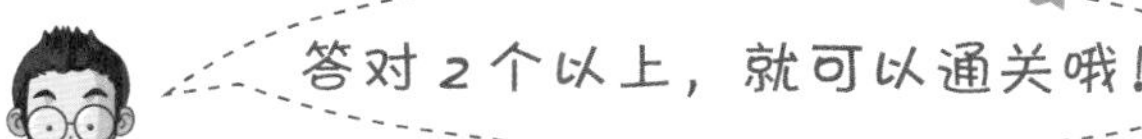

3 8名选手在准备奥运会游泳200米决赛。孙杨选手在左数第四个位置，菲尔普斯选手在右数第二个位置。孙杨选手与菲尔普斯选手之间有多少名其他选手呢？

（　　　　　　　　）

4 现在是小敏班里的午饭时间。4名同学在分午饭，7名同学在吃饭，其他同学在排队拿饭。小敏排在前面第六个、倒数第九个位置。小敏班里总共有多少名学生呢？

（　　　　　　　　）

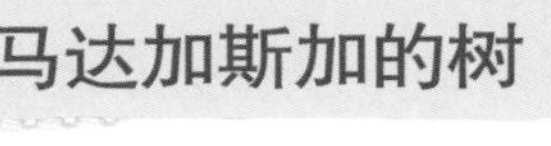

＊国树：代表一个国家的树木。

凤凰花最多能储存2升水呢。
喂，夏洛克！你要一个人喝完吗？
流流
呜哇啊啊！水，是水啊！

哎？这个植物是什么？好像有种食虫植物的感觉啊……
嗖嗖嗖
啊啊？

这个植物叫猪笼草，是会抓虫子吃的哦。
挣扎 挣扎
呃啊啊啊！救命啊！

但是不用担心，它不会吃人的，顶多也就吃鸟。
扑通 扑通

这个叫作食人花的巨型植物，据说可以吃大型动物。
嘟咚

咳呃呃！这是什么味道啊？
食人花用这种恶臭，熏倒猎物再捕食，所以要小心点儿哦。
唰啊啊啊

* 红色名录是全球动植物物种保护现状最全面的名录，也被认为是生物多样性状况最具权威的指标。

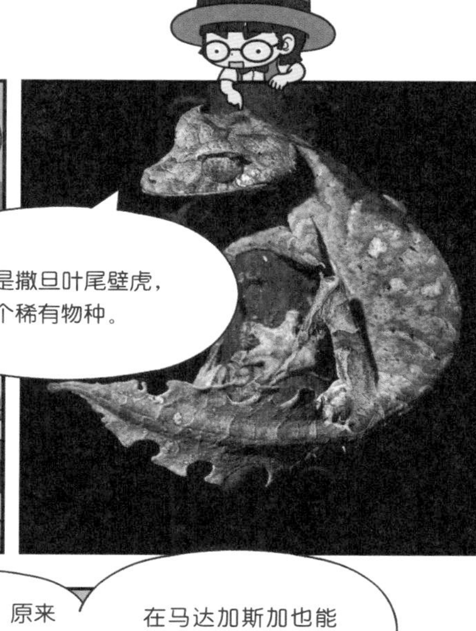

＊侏儒变色龙：
身长 2~3 厘米，活动半径只有 10 厘米的稀有物种。

＊辐射陆龟：有着美丽的放射性纹路背甲的陆龟。

＊番茄蛙：只生活在马达加斯加的蛙类，具有毒性。

答案与解析

第1讲 练习题 48～49页

问题 1

+	1	3	5	7	9	11	13	15
1	2	4	6	8	10	12	14	16
3	4	6	8	10	12	14	16	18
5	6	8	10	12	14	16	18	20
7	8	10	12	14	16	18	20	22
9	10	12	14	16	18	20	22	24
11	12	14	16	18	20	22	24	26
13	14	16	18	20	22	24	26	28
15	16	18	20	22	24	26	28	30

问题 2

×	1	2	3	4	5	6	7	8	9
1	1	2	3	4	5	6	7	8	9
2	2	4	6	8	10	12	14	16	18
3	3	6	9	12	15	18	21	24	27
4	4	8	12	16	20	24	28	32	36
5	5	10	15	20	25	30	35	40	45
6	6	12	18	24	30	36	42	48	54
7	7	14	21	28	35	42	49	56	63
8	8	16	24	32	40	48	56	64	72
9	9	18	27	36	45	54	63	72	81

解析

1 将涂上颜色的行与列上的数字加起来，填写在它们交叉的位置。

2 将涂上颜色的行与列上的数字相乘，填写在它们交叉的位置。

第2讲 练习题 96～97页

问题 1 例：从上到下，依次增加了 8。

问题 2 星期六

解析

1 日历上标记的数字是 4、12、20、28，它们有着依次增加 8 的规律。

2 每个星期都会以 7 天的周期循环。因为 4 号是星期六，所以 11 号、18 号、25 号是星期六。

第3讲 练习题 129～131页

问题 1 （1）数字　　（2）6 号

问题 2 （1）在顺时针上画○

（2）在 116 号与 117 号之间

（3）204 号　　（4）207 号

解析

1 （1）电影院座位，每一列座位的数字是一样的，但字母不一样，后排的座位会是前排座位的下一个字母。

（2）我最棒的座位是坐在 C 排 5 号的华生前排左边的座位，所以是 B 排 6 号。

2 （2）按顺序从 114 号写到 120 号，会发现大屏幕的位置在 116 号与 117 号之间。

（3）因斯图尔特博士的座位是 104 号，所以坐在博士后排的作家的座位是 204 号。

（4）因为是 107 号的后一排，所以是 207 号。

故事数学问答题 132～137页

1 依次增加了 8。

2

×	1	2	3	4	5	6	7	8	9
1	1	2	3	4	5	6	7	8	9
2	2	4	6	8	10	12	14	16	18
3	3	6	9	12	15	18	21	24	27
4	4	8	12	16	20	24	28	32	36
5	5	10	15	20	25	30	①	40	45
6	6	12	18	24	30	36	42	48	54
7	7	14	21	28	②	42	49	56	63
8	8	16	24	32	40	48	56	64	72
9	9	18	27	36	45	54	63	72	81

3 5，0，5，0，5，0，5，0，5

4 5 与 0 相互交替出现。

5 在 28 上画○。 6 48，48

7 相同 8 （1）6，6（2）0（3）1

9 星期五 10 星期一

11 1 号、8 号、15 号、22 号、29 号

12 星期三 13 10 号

14 星期日 15 5 次

16 星期六

17 红色、黄色、黄色、蓝色

18 红色 19 10 个

20 2，2 21 马甲

解析

1 因为是 8 的倍数，所以依次增加 8。

2 在竖列中，找到 8 的倍数那一列涂颜色。

3 若写出 5 的倍数的话，会是 5、10、15、20、25、30、35、40、45，依次写出个位数则是 5、0、5、0、5、0、5、0、5。

5 纸被折叠时，与☆ $=7\times4=28$ 重叠的数是 $4\times7=28$。

6 ① $=8\times6=48$

② $=6\times8=48$

7 在乘法中，相互替换乘数与被乘数，乘积相同。

8 2 的倍数

2，4，6，8，10，12，14，16，18

5 的倍数

5，10，15，20，25，30，35，40，45

9 的倍数

9，18，27，36，45，54，63，72，81

9 歌德的生日 9 号是星期五，7 天以后也会是星期五。

10 演奏会的日期 19 号是星期一，因每个相同的星期会 7 天重复一次，所以 7 天前也是星期一。

11 习题给出的日历上只写到了 24 号，因此 22+7=29（号）会是这个月的最后一个星期四。所以若写出这个月所有的星期四，则是 1 号、8 号、15 号、22 号、29 号。

12 1+7=8（号），因 8 号是星期三，所以 1 号也是星期三。

13 第一周的星期五是 3 号，所以第二周的星期五是 10 号。

14 7 天后是星期五，星期五后的 2 天是星期六、星期日，所以答案是星期日。

15 这个月的星期五是 3 号，3+7=10（号），10+7=17（号），17+7=24（号），24+7=31（号），因此总共有 5 次扫除。

16 31−7=24（号），24−7=17（号），因此这

答案与解析

个月的最后一天 31 号是星期五。所以下个月的 1 号会是星期六。

18 按照红－黄－黄－蓝的顺序计算第 13 根棍子的颜色和第 11 根棍子的颜色一样，是红色。

19 第一张图是 1 个，第二张图是（1+2）个，第三张图是（1+2+3）个……因为是按照这种顺序摆放的，所以第四张图中摆放的棋子，将是 1+2+3+4=10（个）。

21 因为是按照马甲、马甲、背心、背心这个顺序重复的，所以第十个会是与第二个相同的马甲。

头脑智力王　138 ～ 139 页

1	14 个	2	13 人
3	2 名	4	25 名

讲解

1 奥运会场门口的国旗中，中国国旗左边有 6 面、右边有 7 面国旗，因此国旗总共有 6+1+7=14（面）。

2 振元与俊雄之间的人数是 30–5–12=13（名）。

3 孙杨与菲尔普斯之间的选手有 8–4–2=2（名）。

4 小敏班级的同学有 4 名在分午饭，7 名在吃饭，14 名同学在排队拿午饭，所以小敏班级的同学总共有 4+7+14=25（名）。

读者群：6~12 岁　开本：16 开

◆《冒险岛数学奇遇记》姐妹畅销漫画书

◆ 深受孩子们欢迎的数学应用漫画，通过漫画内容，让数学学习更轻松、更有趣、更扎实

◆ 小学数学新课标知识点与小学生校园生活、冒险故事相结合，风靡热读

◆ 故事与数学基础相结合，由易到难，逐步深入，系统化学习数学基础知识

◆ 强化平凡女孩纯洁心灵的力量，鼓励孩子们追求真善美

◆ 看漫画 学数学 = 其乐无穷，让孩子从此不再害怕学数学

◆ 送给数学基础运算环节薄弱孩子的礼物

这是一套写给儿童的漫画书，在读漫画故事的过程中加深对基础数学的理解。书中的故事是对真善美的弘扬，能滋养孩子的心灵；书中涉及的数学知识由浅入深，再加上与数学相关的百科故事，可以唤醒孩子对数学的热爱。看漫画学数学，从这套《数学秘密日记》开始吧！

——全国知名数学教师、“成为学习者”团队核心成员 吴宝森

第一辑共 5 册

定价：149.00 元

第二辑共 5 册

定价：149.00 元

畅销经典

第一辑共 5 册

定价：149.00 元

第二辑共 5 册

定价：149.00 元

冒险岛语文奇遇记 读者群：6~12岁 开本：16开

◆ 韩国小学生中人气超高的学习型漫画系列，经久不衰

◆ 通过漫画内容，让汉字学习更轻松、更有趣、更扎实

◆ 每本收录100多个汉字，由易到难，分册学习，让汉字学习更加系统化

◆ 通过图画和练习题，轻松理解汉字语义

◆ 读看写相结合，让孩子能够主动记忆

◆ 本书采用了汉字自动记忆体系，即五步学习法

《冒险岛语文奇遇记》融合了幻想、幽默、战斗、友情等元素，带给孩子一场搞怪逗趣的奇幻大冒险！是能够让小学生轻松有趣学习语文知识、识记汉字的学习型漫画。在冒险岛主人公的故事中，自然而然地认知生字。而且，漫画和主人公对话相结合，对汉字进行解释，可以达到更好地学习效果。跟哆哆一起来冒险岛探险吧！

第一辑共5册

定价：149.00元

第二辑共5册

定价：149.00元

第三辑共5册

定价：149.00元

第二辑共5册

定价：149.00元

第一辑共5册

定价：149.00元

学习漫画系列丛书

冒险岛数学神探 5

杜永军 著/绘

九州出版社
JIUZHOUPRESS

图书在版编目（CIP）数据

冒险岛数学神探.5 / 杜永军著绘. -- 北京：九州出版社，2019.2

ISBN 978-7-5108-7911-1

Ⅰ. ①冒… Ⅱ. ①杜… Ⅲ. ①儿童故事—图画故事—中国—当代 Ⅳ. ①I287.8

中国版本图书馆 CIP 数据核字（2019）第 029633 号

本漫画的主人公叫夏洛克。

夏洛克这个名字，取自历史上最有名的侦探小说《福尔摩斯探案全集》的主人公**夏洛克·福尔摩斯**（Sherlock Holmes）。

这部由英国推理小说家亚瑟·柯南·道尔所写的推理小说，从出版到现在已经过了 100 多年，仍旧被世界各地的人们所喜欢。

以夏洛克对手身份登场的神秘人物宇宙少年罗宾——他的名字也是取自跟福尔摩斯同一个时代出版的莫里斯·勒布朗的人气推理小说《亚森·罗宾探案集》。有趣的是，夏洛克是抓捕犯人的侦探，而罗宾则是个小偷，但和一般的小偷不同，他的外号是“侠盗罗宾”。

本漫画还有一位主人公阿加莎。不同于前面两个人，她的名字来自一位真实的小说家。

英国推理小说家**阿加莎·克里斯蒂**（Agatha Christie，1890 ~ 1976），被誉为推理小说女王。她小说中的“赫尔克里·波洛”，是一名实力不亚于夏洛克·福尔摩斯的名侦探。

好了，现在我们就和这三位主人公一起，开始有趣又刺激的冒险之旅吧！

登场人物

H.P
M.P
▲夏洛克（小学一年级）
性格活泼开朗，突击侦探团的队长。
H.P
M.P
▲罗宾&伊瓜因
为了追捕宇宙罪犯柯莱梅而被派遣到地球的外星人。
H.P
▲魔方士兵
守护着魔方世界的士兵。
M.P
◀四方四角王
既是统治着魔方世界的国王，同时也是游戏中最后登场的大魔王。

▲ **华生**（小学一年级）

夏洛克最好的朋友。

性格冷静沉着，处事考虑周全。

▲ **阿加莎**（小学一年级）

梦想着成为推理小说家的一名小学生。

▲ **我最棒**（钢丝侠）

用最尖端的盔甲武装自己，希望被叫作钢丝侠的一名小学生。

▲ **树精灵**

绝望森林的统治者。

前情回顾

好不容易从第 7 防御区逃出来的突击侦探团，按照六角恐龙给的秘密地图，向着马达加斯加出发了。突击侦探团在人生地不熟的马达加斯加总是迷路，更雪上加霜的是阿加莎被原著民抓起来了……

夏洛克一行人能够安全地救出阿加莎吗?

还有，大卫王之星究竟在哪里呢?

目录

5 堆积木

神奇魔方的秘密

学习内容［堆积木］

我们的日常生活中有着非常多的规律。

我们平常使用的物品或者商品里面都可以找到许多的规律，像老城墙上的砖瓦、堆得整整齐齐的积木。规律并没有远离我们的日常生活，而是和我们的生活紧密相关。

学生们堆积木的时候会堆出各种各样的形状来，这对于体会数学的乐趣十分有帮助。

1 大卫王之星的秘密

哈啊啊啊！
猛
忽
哇啊啊！
啊？

千钧一发的时刻，
导航仪X出现了！
出现
你是谁？
缓缓落下
是导航仪X！

黑暗之神

黑暗之神，
厄瑞玻斯！

他和我很像吗？

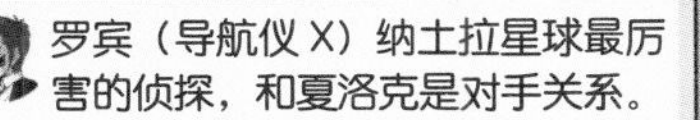
罗宾（导航仪 X）纳士拉星球最厉害的侦探，和夏洛克是对手关系。

咳呃呃！
唰
被撞倒
竟敢侮辱酋长！
无法原谅！
不可以，
快住手！
跪下
什么？
你们可知那位是谁，
胆敢如此无礼？

* 转世：①转生；②藏传佛教认定活佛继承人的制度。始于 12 世纪。

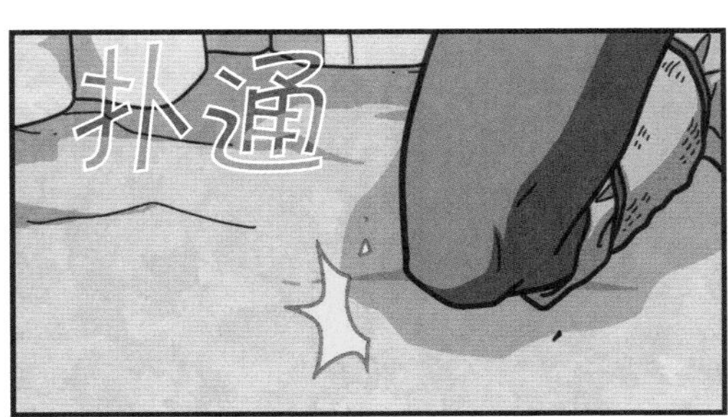

震惊

厄瑞玻斯大人!

他们这是在干
什么？怎么都
这样了？

这是怎么
一回事？
这个，我也
不知道啊。

黑暗之神啊！我
们一直在等您能
够再次回来。

他们到底在
说些什么？
快用翻译软
件听一下。

不久前，村子里爆发
了瘟疫，多亏您赐予
的光与黑暗的能量，
我们才能死里逃生。
这个恩情我们至
今不敢忘记啊。

究竟给你们能量的人是谁？
不是您赐予的吗？
说什么胡话呢！那么现在那股能量在哪里？
那个……

就在那里。
指

抬头看
啊啊啊！那个是？

是“六芒星”
能量！

发光

“六芒星”印度教的古代宗派的标志，译为“大卫之盾”，另一层意义是“爱与慈悲的生命的能量”。主要是六角形的模样，也被称为“所罗门封印”或者“大卫之星”。

握紧

难道是柯莱梅那家伙？

柯莱梅：因偷走《真实之书》而逃跑的最坏的犯人。

啊啊

哦，哇！果然是黑暗之神！

柯莱梅！你是在随意使用《真实之书》吗？

哇啊！什么啊，那个家伙！

好了不起的弹跳力啊！

噼里啪啦
呃啊啊啊！
噫咦
咳啊！
哐

夏洛克：本漫画的主人公，突击侦探团的队长。

让我来分析一下
“六芒星”能量，你
们暂时等一下吧。

华生：夏洛克的好朋
友，性格沉着冷静。
哔哩哩
呃嗯！

哔哔哔

咦？那股能量里
好像有个像钥匙
孔一样的东西？
那一定是有
钥匙咯？

拿出

黑暗之神大人，
这里有“黄金光
芒”的钥匙。
嗯？

那些人在说些什么啊？
他们说这是“六芒星”能量的钥匙。

伊瓜因，这能相信吗？这里面有钥匙？
我也不清楚里面究竟有什么，打开看看吧。
嘎吱

闪光
这是什么？
这是钥匙吗？
话虽这么说，但这不就是木块吗？
嘟咚
还有一张纸！

这代表什么意思呢？
呃！就是说呀，这到底是什么呢？
呃啊！
踹
让开！让我来解开吧！
什么嘛！这不就是在堆木块吗？
你这是在干嘛

要堆出纸中画的，即和右边一模一样的图案，总共需要几块积木呢？

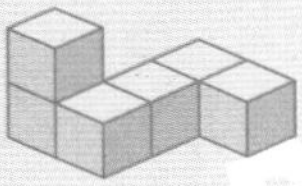

(　　　　　　　　　)

答案在25页。

拿起
这简直是小菜一碟嘛！
电击
噼里啪啦

我最棒：不知心里打什么鬼主意的有钱人家少爷。
倒下
咳呵呃！
傻瓜！就是因为会这样，我们才一直没有打开过。
没事吧？打起精神来呀！
晕眩
这些木块带有2千伏特的电压。
喂！这些话你应该早一点儿告诉我！
生气
伸
现在开始就让我来展示一下令人惊叹的技术吧。
哼！果然是小毛孩！
什么？

唰!
唰!

念力术，最大能量！

问题答案 6块

唰啊
切！真讨厌！
可以了！
哇啊啊！怎么可能！
那竟然是钥匙，要拍下来才可以。
哈啊！
唰啊啊
堆好
发光

唰
啊
地面在摇晃!

从地面上冒出
了许多柱子！
10
8
跪拜
这些柱子到底
是什么呢？
刚刚冒出来的时
候，好像看到上面
有数字的样子啊？

吃惊
伊瓜因，你知道吗？
柱子上的数字究竟代表着什么呢？
不知道。
是能够打开“六芒星”能量的钥匙吗？
阿加莎：突击侦探团唯一的女生，拥有热情且冲动的女汉子性格。

嗷呜！本来已经快接近事情的真相了，这个又是什么啊？
讨厌！这个也是柯莱梅干的好事吗？
生气

糟了！现在传送枪的时间也只剩下不到 20 分钟了！
我说！那些东西到底是什么，倒是说明一下呀！啊？
这，我们也不清楚啊。

巨大的柱子上面有的写着数字，又有好多没有写数字……

难道，或者是？

喂，喂！像刚刚那样跳那么高的时候能不能照张照片啊？
什么啊？
哒哒哒

让我拍照片吗？
那样的话应该就能找到打开大卫之星的线索了！
不是在开玩笑吧？
这个高度可以吗？
很好！从那里往下要全部都照出来！
跳起
咔嚓
罗宾，你在干什么呢？
用相机拍下来，说不定可以找到线索。
咔嚓

吵吵

闹闹

怎么样才能跳到那么高的地方呢？

他在上面干吗呢？

跳下

很好！就是这个！

找到

这个是魔方阵*！

伸出

这个为什么会是重要的线索啊？

这是我敏锐的洞察力推理出来的结果。

*魔方阵
从自然数 1 开始重复。或无一遗漏地逐个按照一定的顺序排列，使得每一边的总数之和都相等。

把照片中的样子
在地上画出来。
画出

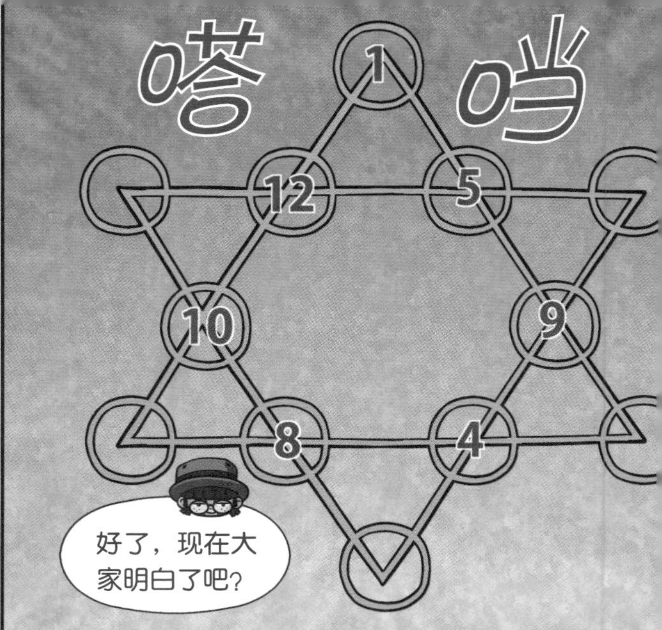
嗒
1
12
5
10
9
8
4
好了，现在大
家明白了吧？

好像能知道
些什么了。
利用魔方阵的规则
算出空格里面的数
字是什么就可以了。

最棒啊，你
真了不起！
抱住
这算什么呀。

原来得到朋友
们的称赞，心
情很好嘛！
害羞
呃，刚刚
我在想些
什么？
震惊

首先我们来看一下魔方阵的基本规则。

1
12 5
10 9
8 4

每一边的数字之和应该都是相等的。

好的！这样子填进去就完成了！
填上
鼻子变长
最棒啊，你真的超厉害！这么难的东西你是怎么解开的啊？
这只是小菜一碟而已。
洋洋
得意
我的梦想可是征服世界呢！选择和你们做朋友可是你们的荣幸。
要财力有财力！要头脑有头脑！很完美啊。
哔嘞嘞
你干什么呢？
啊热热！
我说，王子大人！那种程度的题难道不应该解开吗？
你在说谁呢？
把我最棒抛到空中吧！

伊瓜因：和罗宾一起从纳土拉星球来的外星人，超能力是念力。
哇啊啊！我最棒万岁！
这难道就叫作友情吗？
咻呜呜
抛起
啊啊啊！
嘎！
好吧，那么我们就赶快输入这些数字吧！
果然要把你们这些家伙都消灭才行。
晕眩
晕眩
哔哔
握紧
很好！大卫之星完成了！

哐当
哐当
哦哦？
啪
呜啊啊！

咻咻
嗖嗖
这又是什么啊?
消失
啪
他们去哪里了？难道陷入地下了吗？
吃惊

呃呃！
呃，这、
这是哪里？

猛然
怎么可能！
这里是……

罗宾！这、
这里！
不要大惊小
怪！我也知道。

吃
是宇宙飞船！
惊

哇！如果这里真的是宇宙飞船的话就太棒啦！
左顾
右盼
我们分公司都没有的宇宙飞船，竟然在这种小岛上看见！

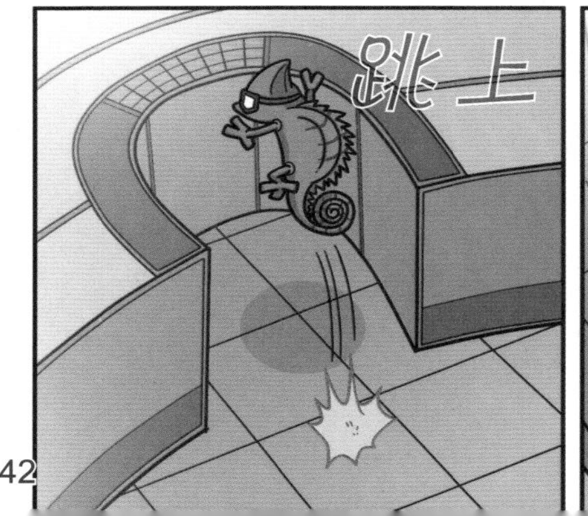

扑腾
扑腾
这可不能随便乱摸！快走开！

哗

这家伙！

看好你自己的宠物！差点儿闯祸啊！

启动这个宇宙飞船的主要钥匙是之前六角恐龙给的胶囊。

之前六角恐龙给的胶囊还好好保管呢吧？

当然！就是为了看这里面的数据才来到这里的啊。
拿出

给我看看！
什么？
嗍
你干吗？借给我看看！
放入
发光
呜哇！
啊啊！这个又是什么啊？

是柯莱梅吗？
找到在魔方世界的神奇魔方吧！
那样我们就会见面的。
——柯莱梅
出现
为什么柯莱梅的
名字会在那里？
胶囊不是宇宙
飞船的钥匙！
这么巨大的宇宙
飞船还是自动的，要
报告给上级专门做
一下研究了。
去魔方世界寻找
神奇魔方吗？
还以为来到这里
就能知道胶囊的
秘密了呢！

既然都来到这里了，当然不能放弃。
不管魔方世界在哪里，我们侦探团都可以去！
是的！只有解决这个案件，才能再次见到歌德哥哥。
哔哔哔
握紧
呼！那么都已经决定好了吧？
唰啊
很好！等着吧，魔方世界！我们这就去！

咳？
碎
嗯哈哈哈！小毛孩们，我就先消失了！
呃呃！
嗒
啊
要消失的话就好好地消失！
柯莱梅！你等着！
呜
嗷
嗷
能够那样酷酷地飞起来，真的好帅啊！
呃嗯！

大家都去哪里了？全部陷入地下了吗？
什么声音也听不到啊？
哐
啊啊啊！
吓到了吧，叔叔？很遗憾的是阿加莎不能成为祭品了！
下次再见吧！
呃啊啊！
唰啊啊

消失
从地下冒出来又
在空中消失了。
噼里
你这家伙的
超能力根本
指望不上！
伊瓜因！什么？
胶囊是宇宙飞船
的钥匙？
啪啦
你闭嘴！你也配不
上贝丽塔斯王国的
名侦探的称号！

堆出一模一样的形状

问题 1

谁堆的积木和阿加莎堆的形状一模一样呢？

我要跟和我堆的形状一模一样的人玩！

怎么样？一模一样吧？

我的才是一模一样的呢！

夏洛克

我最棒

是这样子吗？

我也来堆一次试试？

啊？还要再放上一块才行啊！

华生

导航仪 X

（　　　　　　　　　　）

答案在144页

我最棒堆的形状比阿加莎堆的形状多放了一块。
把我最棒要拿掉的一块积木用○圈出来吧。

导航仪X也错了呢。
要在哪块积木上再放一块用○圈出来吧。

2 向着魔方世界出发

CUBE LAND

按
万一陷入危
险的话，按
下这个按钮
就会生成一个
圆圆的防御网。
哇啊啊！
唰
啊

你真是太了不起了，爸爸！
抱紧

但是，你们侦探团的行动渐渐让我感到非常不安啊。
你不要担心，过于危险的事情我不会去做的。

呐，这些电子防御装置是给你的朋友们的。
爸爸最棒啦！
拿出

那么，今天的晚餐是爸爸牌的特制蛋包饭！
又是？

我最棒的家

哔哩哩
哔哩哩

看来渐渐会有更加凶险的事情发生了，我要充分地准备才行。

嗡嗡嗡

我说盔甲！盔甲！不知道吗？电影“钢铁侠”里面一声命令就可以自己制作了不是吗？

哎哟！主人您真是看太多电影了。我可没有那么了不起呀。

您看起来不能区分电影和现实呢。明明什么都知道！嘿嘿嘿！

哆嗦 哆嗦

呃啊！

哐

你这笨蛋！

切！我自己
来做！
呲吱吱
呲呲呲呲
呦……终
于完成了。
好了，完成了！
这个就是最尖端
的盔甲！
完成
从现在起要叫
我钢丝侠！
当
当
我现在这样子，
大家一定会非常
羡慕我的。
难说呀，好像
不一定会那样，
跟屁虫……
什么！
咳咳！
哐

大家都来了吗？
哒哒哒
我最棒还没有到！
华生！你搜索到关于魔方世界的信息了吗？
嗯，我找过了，但是那里的地图不管怎么找都找不到。
跳跳
啊，什么嘛！我最棒怎么还不来？
你在干什么？
嗯？

咻咻咻
呀啊啊啊啊
啊！那又是
什么啊？
哐当
呲啦

咻咻

难道是外星人吗？

什么外星人！没有远见……

这将会成为突击侦探团的崭新标识的代表——我最棒！

啪嗒

臭小子！吓我一跳啊！

确实，在我意料之中嘛。

这是用最尖端的武器和高新技术合成的最棒的盔甲！

盔甲吗？像电影“钢铁侠”里面的一样吗？

呼呼！虽然钢铁侠只是电影里面的角色而已……

指

啪嗒
我制造的这个盔甲呀……
可是真的！
呱啊啊
嗯哈哈哈！我是钢丝侠！
嗖嗖嗖
他自己好像更夸张呢……
要是见到真的钢铁侠怎么办？
吵死了！赶紧给我下来！
咳呃！
啪

咳啊啊！
咣
啊！好烦人啊！
超合金也招架不住阿加莎的吼功啊……
现在就是机会！
你没事吧？
作者
晕头
呼哒哒
晕脑
你是谁啊？
哎呀呀呀！
沙沙
嗯？
嘻嘻嘻！
嘟咚
喂，关于魔方世界的信息，你搜索过没有啊？

拿出
吃惊
CUBE LAND
当然搜索过了！身为拥有世界上最厉害的情报能力的SS集团的继承人，你也太小看我了吧！
魔方世界……全部在这里！
什么？
在手机里面吗？
呼呼！吓了一大跳吧？
你以为我们会相信吗？哼！
啪
好好教训教训他！让他以后不敢再开玩笑！
咳啊啊！

来得这么晚还以为你已经收集好资料了呢！只知道开玩笑吗？
都说了不是玩笑！
好好看这个！
拿出
适可而止吧！
游戏中的魔方世界在六角恐龙给的胶囊地图里面出现过。
真的？
哔哩
唰啊
看！是之前看到的那个地图吧？
哦哦哦！是真的啊？

嗡嗡嗡

竟然要在游戏里面寻找地图？

游戏不是在程序里面吗？人类怎么可能进去呢？

根据我的计算，游戏中的空间也和现实的空间一样，可以进入。

我最棒的话是正确的！

爸爸！

我最棒能够很出色地理解很复杂的东西嘛。

指

* 有机体：具有生命的个体的统称。

就、就是说啊。
真的可能吗？

当然了，完全可能。
我打造的传送枪不仅
可以分离空间，引导
人进入新的空间，

而且可以分解
构成要素的自
体使其移动。

拿出

博士虽然长得凶，但是真的很了不起啊！

什么！

怎么可能……博士，简直是不可理喻！

打开吧！时空之门！

捏

很好，那我们就出发吧。

啪啊

咔 啊

呃啊啊啊！ 我们的身体正在分解为基本粒子！

啊

啊

闪亮
咦咦！

消失

啪

捡起
平安地到达手机里面了吧？

那么我应该好好保管这个吧？

偷看

什、什么？那帮家伙！进入到手机游戏里面了？
我们也应该去的……

我说！现在很热的，给我换套衣服吧！
什么
斯图尔特博士研究室内部
蹬
什么嘛，结果就只是给我摘掉了帽子而已。
那个手机在哪里？
右盼
左顾
找到了！
伊瓜因！想想办法啊！
呃！但是，博士就在旁边啊。
发现
嘿嘿！终于到了展现我的隐藏能力的时候了！
伸

闪亮
突然肚子痛，快快去洗手间吧！
呃呃？
为、为什么突然肚子这么痛？
咕噜噜
嘿嘿！
呃啊啊啊！洗手间！洗手间！
呼哒哒
很不错嘛！
像这种任务随时交给我。
啊
很好！我们也要进去了！
嗒

我们的身体应
该会没事吧?
哇啊！朋友
们，快看看
那个！
啊！那个是超
级玛丽……
大家要好好看看！
万一分解后再次
组合起来出了差错
怎么办……

猪？
我是超级猪里奥！
那么，那、那位是……
哼！**我是赤手空拳王拉尔夫**！
我说！你就不能好好地画吗？
因为有关于著作权的问题呀！
作者

东张
西望
看来这里真的是游戏中的世界啊！
伸出
啊！朋友们，快看那个！
出现
MEGA CUBE
是神奇魔方！

哐喔喔喔
哇啊！第一次见到如此巨大的魔方！
但是进入这个魔方的入口在什么地方呢？
再加上是这样漂浮在空中的！
轻飘飘
不好了！这次没有数字，什么都没有啊！
哼嗯！这边小的魔方上会不会有什么线索呢？
哔哔哔
要用透视眼镜来看一下了。

哼！出入口
什么的我来
打造一个！
咔嗒

什么？

飞起

咻嗡嗡嗡
唰啦啦

钢丝侠，激光
最大能量！
咕唔唔唔
发射！
啪
唰啊啊啊

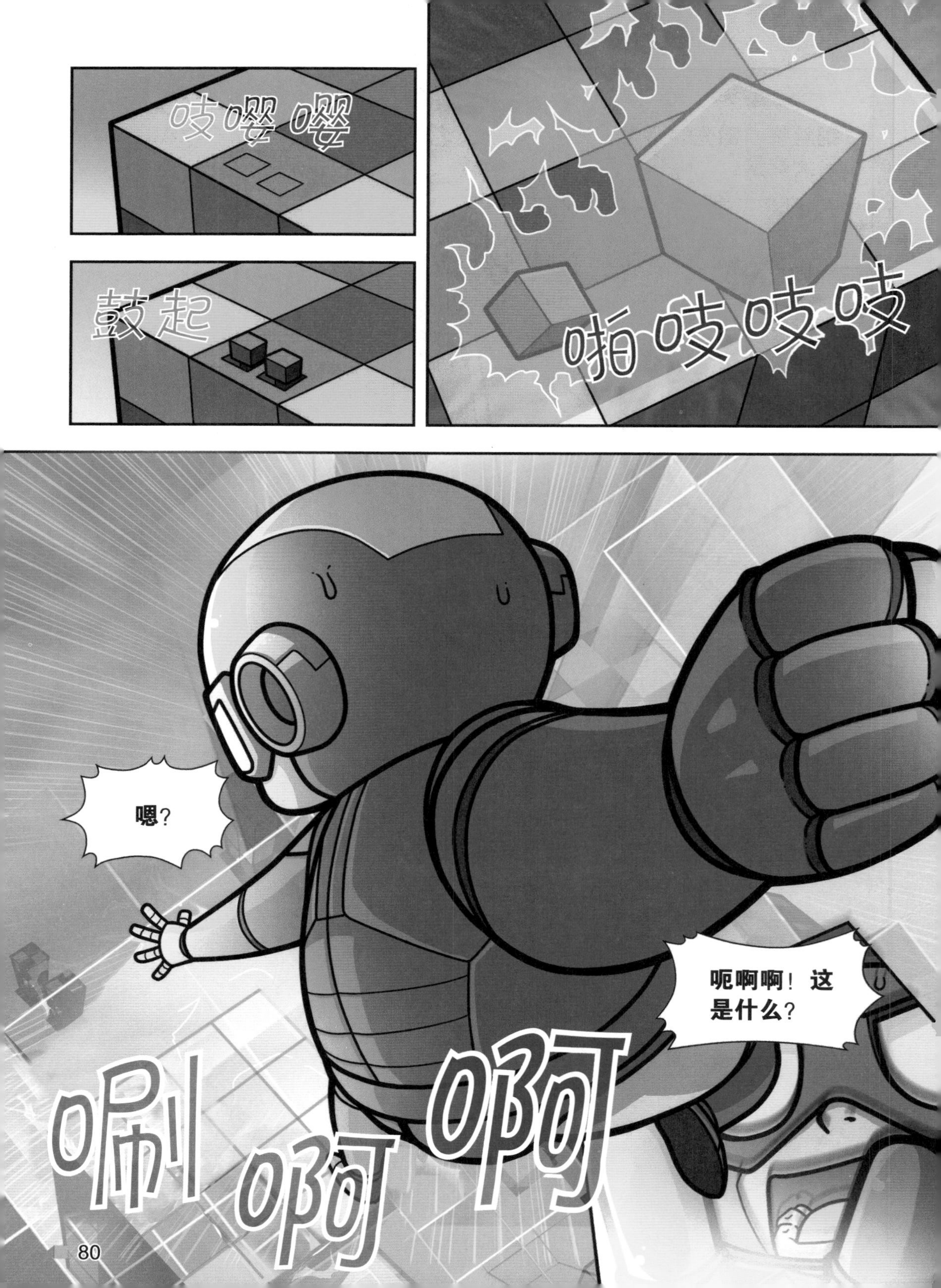

嗯？

呃啊啊！这是什么？

唰啊啊

咔 啦

咳哒哒哒
朋友们，没事吧？
嗯嗯，多亏了阿加莎爸爸给的电子防御装置才避过一劫。
防御网
这是怎么回事啊？突然间引起的巨大的爆炸……
哐
糟糕，我最棒的状况好像不太好啊……
呃呃呃！

我最棒，你没事吧？

哒哒哒

干吗突然那样做呀！

抱紧

都、都是为了在阿加莎面前好好表现，怎么说出口嘛。

1
2
3
4
哈啊，这可真的是……去到的地方都有暗号呢！
这，玄关处也有密码呢，这该怎么办呢？
就是说嘛。
要找到和示例不一样的形状呢！
什么呀？这个是找一模一样的形状啊？
下图中和示例不一样的形状是？
示例
1
2
3
4
下图中和示例一模一样的形状是？
示例
1
2
3
4

 **和左边的积木形状堆得一模一样的用○画出来吧。**

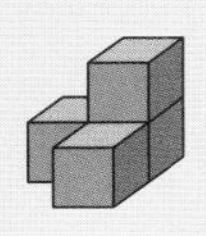 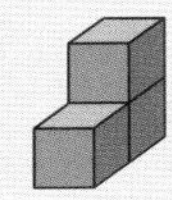 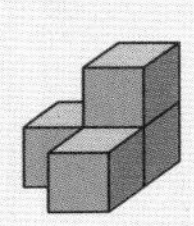 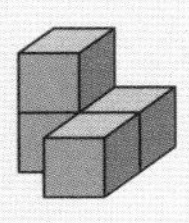

(　　　) (　　　) (　　　)

答案在86页

不是这样的！这
个真是超级让人
混淆的问题！

一看就知道是
这两个其中的
一个嘛！

什么呀！再仔细看一
下答案就出来啦，1号、
2号两个都是呀。

嗒

**什么？答案
竟然有2个？**

*创新：指创造性；新意。

嗯？

问题答案 （ ）（○）（ ）

欢迎来到魔方城堡。魔方世界的国王正在等着大家呢。

都咚

哇啊！是魔方士兵！

我是这个地方的卫兵。

喂！卫兵！那么，就请带我们去见你们的国王吧！

嗡嗡嗡

哐当

嘎吱
哇啊！和在外面时看到的简单构造完全不一样呢！
当然啦！这里可是指挥魔方世界的主要管理站——魔方城堡。
嘎吱
环境真是非常干净啊，呼！

指
来到这里真是辛苦各位了。
国王陛下，我已按照您的吩咐请来了这几位客人。
嘟
咚
我是管理这魔方世界的魔方国王——四方四角。

分辨积木

问题 1

夏洛克、华生、罗宾和我最棒正在堆积木呢，和夏洛克堆得一模一样的人是谁呢？

（　　　　　　　　　　）

下面是博士、魔方士兵、四方四角王堆出来的形状，来找出三个形状的共同点吧。

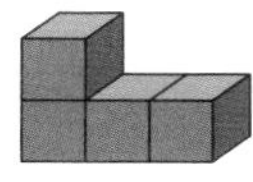

问题 3

夏洛克用 6 块积木堆成了下面的形状，他是参考甲和乙哪张图堆成这个形状的呢？

甲

乙

（　　　　　　　　）

3 逃出迷失森林吧

600

我是魔方世界的国王——四方四角王。

噗哈哈哈！完全是四四方方的头啊！

哈哈哈！名字和外貌100%相配呀！

我最讨厌这个世界上四四方方的东西了！
猛然
呃啊啊？
嘎啊啊！
啪
打开电子防御装置！

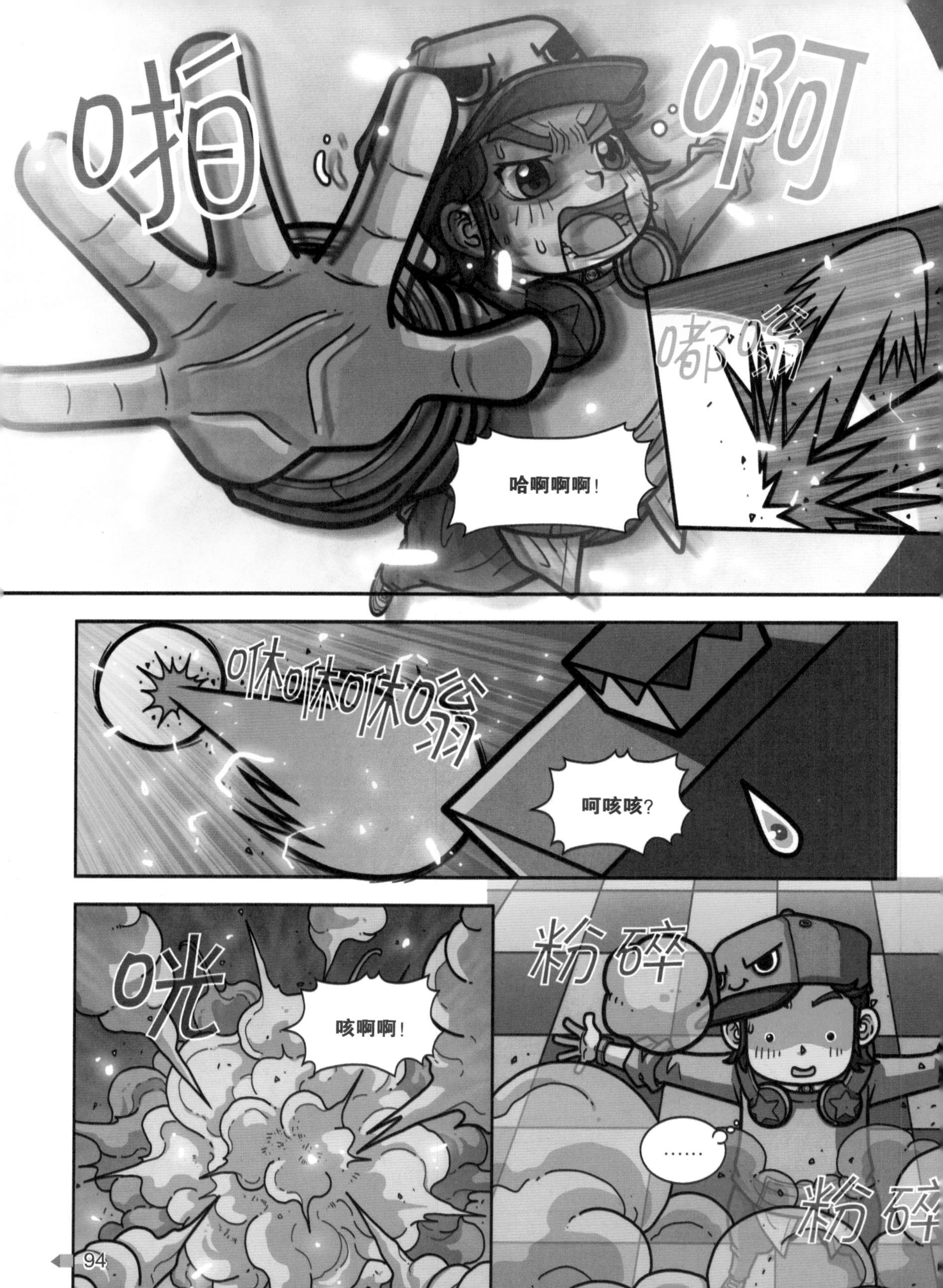

啪
啊
哈啊啊啊！

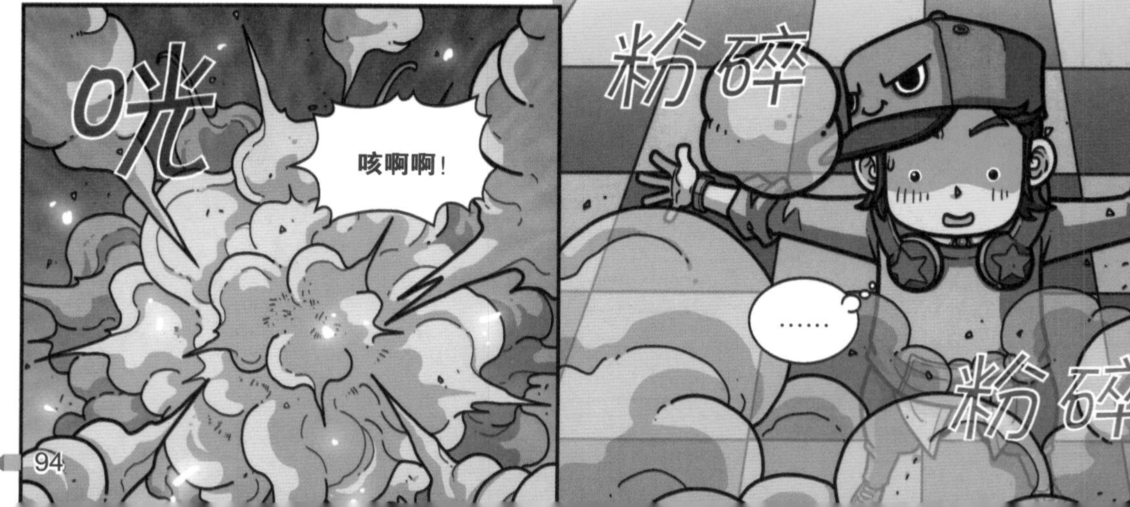

*讽刺：用比喻等手法对人或事进行批评或嘲笑。

神奇魔方是支撑着魔方世界，拥有着本源力量的神秘魔方。

但是我也没有看过神奇魔方，只是知道它被保管在魔方世界最中心的地方而已。

什么？身为魔方世界的国王竟然一次也没见过吗？

我们一定要找到它才可以，请您帮帮我们吧！

想要拿到神奇魔方就必须去魔方城堡对面的方形魔方城堡才可以。
想要到达那里就必须经过绝望森林，愤怒沼泽，痛哭之壁，死亡旋风。
震惊
怎么会那么复杂啊?
哼！复杂什么呀！飞过去的话不是很简单吗?
咔嗒
飞起

喂，喂！
等一下！
啪
嗯哈哈哈!不用担心，魔方国王！
嗯哈哈哈！让我好好展示一次吧！
啊
咻嗡嗡
天空中到处都是巨大的怪兽啊！
怪兽？
嗯？这是什么？
呃啊啊啊！怪，是怪兽！
张开嘴

摇摇
晃晃
为什么没告诉我关于怪兽的事情啊！
我说了啊，谁让你就那么飞走了呢。
寻找神奇魔方不是一件容易的事情啊。不如就此放弃！
眨眼
没问题！我们一定会去的！
不可以！这实在是太冒险了！
握紧
呼呼！不要担心。我们可是喜欢刺激冒险的突击侦探团呀！

啊哈！你说你们
是侦探团吗？
当然了！不管
任何案件，只要交给
我们，保证 100%
解决！
既然如此，就分
给你们一些游戏
的能力值吧！
嘶啪
啪
200
哦？
200
200
200
四方四角王，
这是什么啊？
这个是你们在游戏
中可以使用的游戏
硬币和生命数值。

* 攻击力：攻击的力量。

* 防御力：抵挡对方攻击的力量。

嗒
啊
我们是突击
侦探团！
寻找神奇魔方！
加油！加油！

呃啊啊！你倒是
解决一下它啊！

这也是我想
要说的话！

啊
呜
呜

结果还是得我
出面解决！
早该这样做了！
吱吱吱
啪
超广角能量，
爆发吧！
唰
啊

哈啊啊啊！
嗒
呜啦？
嚓
啊
呜呕呕呕！

哐当
LV 3
600
晕晕
乎乎
砰
LV 3
600
啪
嗯？
出现
什么啊？头上好像突然多了个东西啊！
难道是游戏的能力值吗？

游戏的能力值吗？
随着我们进入魔方世界，好像游戏的能力值也产生了。
打败更多的怪兽，能力值也就会渐渐地上升。
意思是抓住越多的怪兽我的力量就越强吗？
嗒啊
很好！那就尽最大的努力提升能力值吧！
嗒啊！
哈啊！
啪
啪
嗯，就是这样！
喂！现在不是该这样的时候！

停
是这里吗?
第一道关卡
绝望森林?
我们先进去看看吧!
不管出来什么都要
在限定时间内通过。
我感觉到了阴
森森的气氛。

但是，这里为什么要叫做“绝望森林”呢？

嘎吱

嘎吱

好像也不是那么绝望嘛。

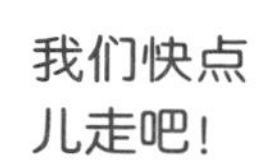
我们快点
儿走吧！
应该很快就能
走出去了！
感觉不太好呀？
嘟咚
都是因为心
情而已，别
放在心上。

不管怎么走都
看不到尽头。
现在好像知道
为什么叫“绝
望森林”了。
我们要是出不
去怎么办呀？

跄跄
踉踉
哈啊，哈啊！
扑通
哎哟，我的腿啊！到底要走到什么时候啊？
这个太奇怪了！不管怎么走也找不到森林的出口呀！
呜呜
我的透视眼镜也完全不管用了。
哔哩
哼！该是我出场的时候了。
嗡嗡嗡
嗯？
都销毁就可以了！
唰啊

哐当当

哐当
哐哐

猛然
我说你要被打多少下，能量才不会用光？
等一下！我还有最后的必杀技！

最后的必杀技？那是什么？
呼呼！那是只有我才知道的秘密！

那就先接住我的必杀技吧！
啪
呃啊！

咳呵呵呵!小毛孩子们！现在知道这里为什么叫作绝望森林了吧！
这里是一旦进来就再也出不去的迷失森林！
嗖嗖儿

唰啊
这是什么？
出现
欢迎来到地狱！
好像在哪里
看过呢？

大紫蛱蝶：
显著特征是紫黑色的翅膀，有白色斑点点缀其中。雄蝶的翅膀是强烈紫色虹彩，其余部分是暗褐色，后翅臂角有粉色斑。雄蝶体形较大，但是没有蓝紫色金属光泽。

哎呀呀，好可爱的幼虫啊！

就是嘛！真的像森林的精灵一样！

啊！原来是大紫蛱蝶的幼虫啊。

呃呃

级别为 1 的角色们竟敢说级别为 3 的我可爱？
哆嗦
哆嗦
看我怎么收拾你们！电流休克！
嘶啪啪
咳啊！这是怎么回事？
防御装置果然很不错嘛！
嗡嗡嗡

幼虫小家伙！
想要突然攻击
我们是吧？
你也体验
一次吧！
呲啦
嗡嗡嗡
等、等一下！
呼呼呼！现在该
到了我展示真实
样子的时候了。
什么？
看见树精灵大人真实
样子的瞬间，就意味
着你们到达地狱了。
咕隆隆隆

哈啊啊！

唰啊啊

咳呃！

啾溜溜

呲啦
它醒过来了！
突然
扑哈哈！
LV 3
600
咳呵呵呵！怎么样啊？这个才是我真正的样子。
指
啪喱

也就是说如果击退你，马上就能升级到级别 4 是吗？
先等一下！我的能量还没有加满呢！
嗡嗡嗡
那是你自己的事情！
啊
唰
啊
嘻嘻嘻！

咣
LV 4
800
咳呃呃！卑鄙的家伙，竟然在能量还没加满之前攻击我。
晕脑
晕头
非常好！级别上升了！现在是第4级别了！
砰
啪

夏洛克，刚刚你吸收了那幼虫的力量，那么也具有幼虫的能力了吧？
当然啦，得让它告诉我们走出绝望森林的路才行。
绝望森林的向导啊，出来吧！
啪
您叫我吗？主人！
喂，把我们带出绝望森林吧。
嘎
好可爱
哼嘤
从现在起你就是我的宠物虫子啦！
哎哟！我的命啊。
知道了。
鞠躬

竟然这么简单啊！
终于逃出绝望森林了！
啪啊

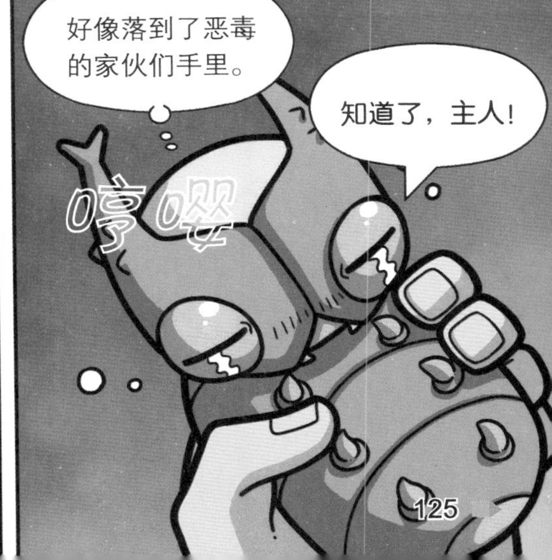

我们还要通过愤怒沼泽、痛哭之壁和死亡旋风，拜托你啦。
愤怒沼泽和痛哭之壁？

天啊，为什么要专挑那些阴森森的地方走呢？

你害怕了吗？
什么？

身为绝望森林的统治者我怎么会害怕！
生气
你要是害怕，就算了！

跟我来吧！
转身

挺像样儿的嘛！
嘿嘿，完全被我驯服了吧？
吁呀
哼！把我当什么了，我还会有什么害怕的东西吗？
好帅啊

咕噜噜噜

呃啊，融化掉了！

这让我们怎么过去啊？

这里是用岩浆填满的沼泽！就是充满愤怒的滚烫沼泽。

想要通过这里，只有一个办法……

出现

哈哈哈
震惊
呃啊！那个又
是什么啊？
陷入危机的突击侦探团，能否安然无恙地度过呢？

练习题

堆出各式各样的形状

突击侦探团的朋友们决定帮助四方四角王装饰他的客厅，试着用积木堆一下夏洛克正在想象的那件东西吧。

（1）夏洛克想象中的那件东西是什么呢？

（甲）书桌　　（乙）电视机
（丙）沙发　　（丁）衣柜

（　　）

（2）找出和夏洛克想象中的那件东西形状一模一样的积木，并画个○吧。

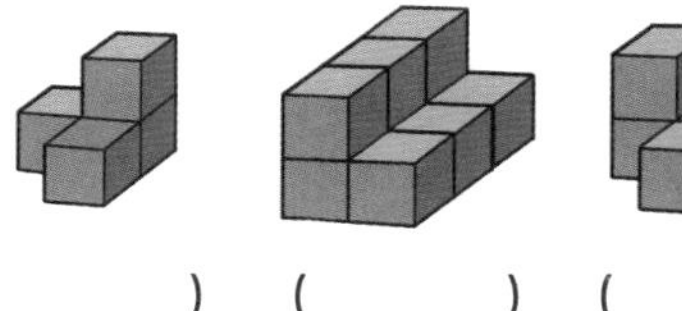

（　　）（　　）（　　）

答案在144页

问题 2

完成了客厅装饰的突击侦探团决定帮助四方四角王做其他的设施，数一数一共需要几块积木呢?

(1) 华生想要做出如图所示的梯子，请问一共需要几块积木呢?

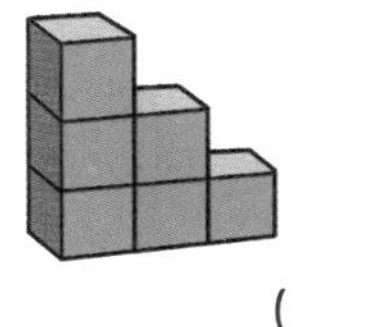

(　　　)

(2) 下图中积木的数量不一样的是?

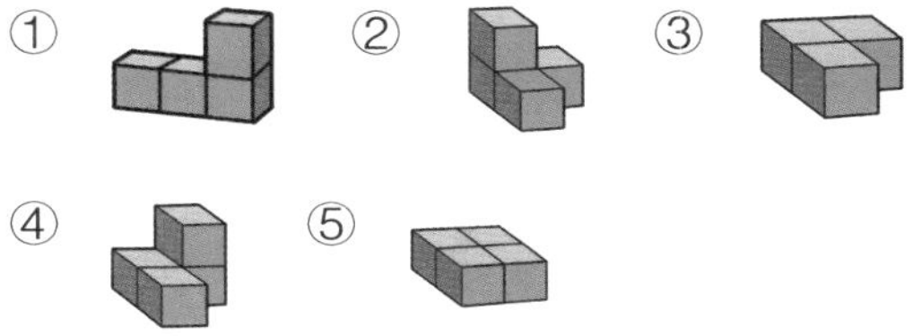

(　　　)

① 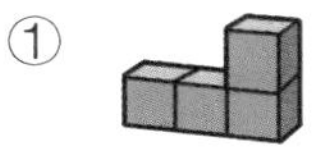 ② 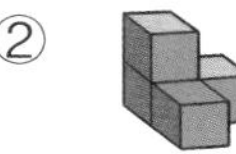  ③ 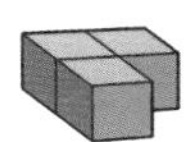

④ 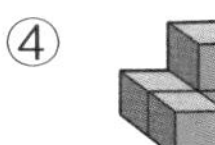 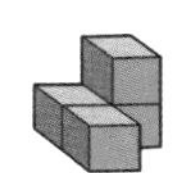 ⑤ 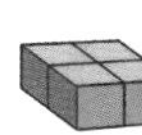

故事数学 问答题

故事1 数一数积木的个数

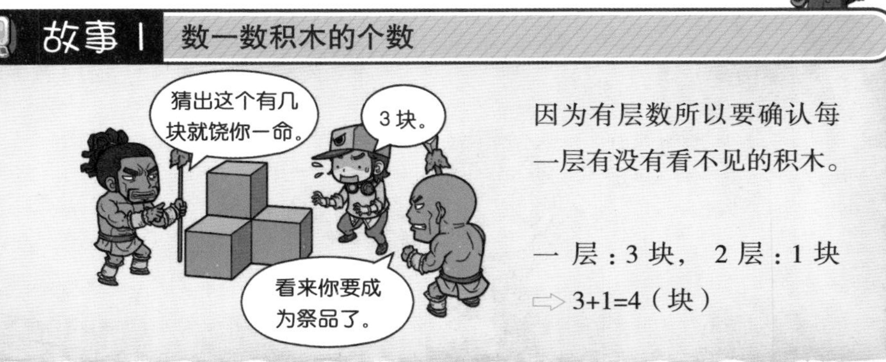

因为有层数所以要确认每一层有没有看不见的积木。

一 层：3 块， 2 层：1 块

⇨ 3+1=4（块）

为了救阿加莎，陷入困境的夏洛克让米卡雅部族再出一道题。

1 要堆成左边形状的话，需要几块积木呢？

（　　　　　　　　　　）

2 要堆成右边形状的话，需要几块积木呢？

（　　　　　　　　　　）

3 要堆成 2 个形状的话，总共需要多少块积木呢？

（　　　　　　　　　　）

答案在144页

米卡雅部族献给罗宾另外一个箱子并且说。

4 数一数 1 层、2 层、3 层分别要放的积木块数吧。

1 层 (　　　　　　　　)
2 层 (　　　　　　　　)
3 层 (　　　　　　　　)

5 要堆出一模一样的形状的话，总共需要多少块积木呢？

(　　　　　　　　)

6 如果想要把右图中的形状堆成和上面的形状一模一样的话，还需要多少块积木呢？

（1）堆出右边的形状一共使用了多少块积木呢？

(　　　　　　　　)

（2）右图中的形状要堆成上面形状的样子，还需要几块积木呢？

(　　　　　　　　)

故事数学 问答题

故事 2 堆出一模一样的形状

华生想要和阿加莎堆出一样的形状的话，还需要在 1 层放一块积木。

来到魔方世界的突击侦探团要拼好积木的碎块才能打开门。

7 为了能开门，一定好好说明要堆的形状，在□中填写出正确的数字吧。

⇨要在第一层堆□块，右边的最上面要堆□块。

8 夏洛克堆成的形状比阿加莎手里拿着的纸上的形状多出几块呢？

（　　　　　　　　　　）

9 夏洛克想要堆出和阿加莎手里拿着的纸上一模一样的形状，那么他应该去掉哪几块积木呢？写下这些积木上的数字吧。

（　　　　　　　　　　）

答案在144页

罗宾向魔方小兵打听了通往绝望森林的路。

10 两个形状的共同点是都用了多少块积木完成的呢？

（　　　　　　　　　　）

11 要想堆成和魔方小兵手里拿着的形状一模一样的话，罗宾面前的积木就必须要移动。请你找出对的选择用○画出来吧。

⇨把第 1 层（左边，中间，右边）旁边的积木向第 2 层最（左边，右边）上方移动就可以了。

12 伊瓜因想要把左边的积木变成和右边一模一样的样子，这样最少需要移动几块积木呢？

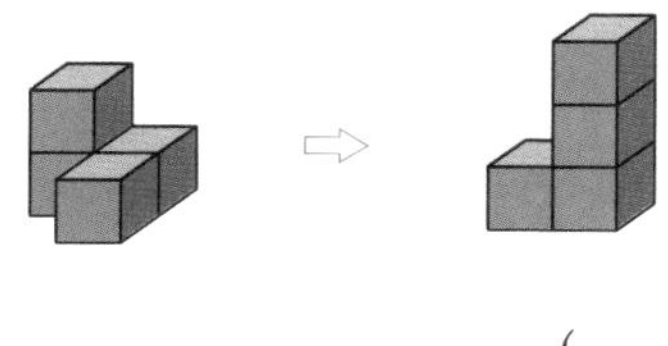

（　　　　　　　　　　）

故事数学 问答题

故事3 用积木做出各式各样的形状

想起看过的马蹄形磁铁是用 5 块积木堆成的形状。

在魔方世界提高了分数的突击侦探团想要堆椅子和床用来休息。

13 在“椅子的形状是怎么堆出来的”这份说明中，在□处填上合适的数字吧。

⇨在第 1 层堆□块，第 2 层□块就能做出椅子的形状啦。

14 请你说明一下床的形状是怎么堆出来的吧。

____

____

答案在144页

树精灵想要提高自己的级别，所以堆了各式各样的积木。请回答下面的问题。

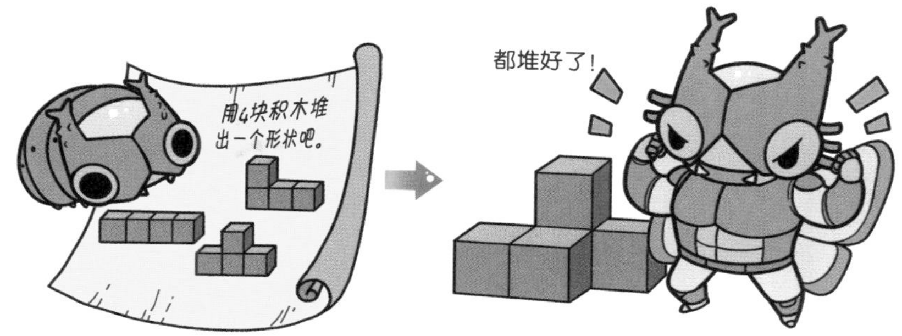

15 树精灵堆出来的形状用了几块积木呢？

（　　　　　　　　）

16 树精灵堆出来的形状，错以为只用了 4 块积木，理由是什么呢？

原来是因为下面的第一层有一块积木看不见啊。

____

____

17 下图中哪一个是树精灵需要堆出来的形状呢？

①
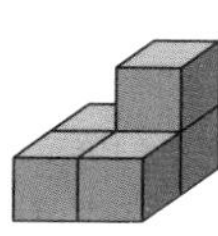

②

③

④
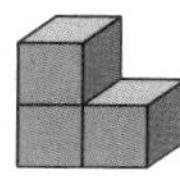

⑤
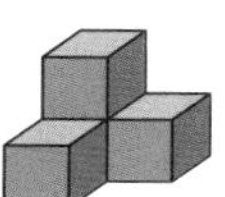

1 下图是夏洛克和朋友们在积木的不同方向拍的照片，在每一张照片下面的（ ）内填上拍出这张照片的小朋友的名字吧。

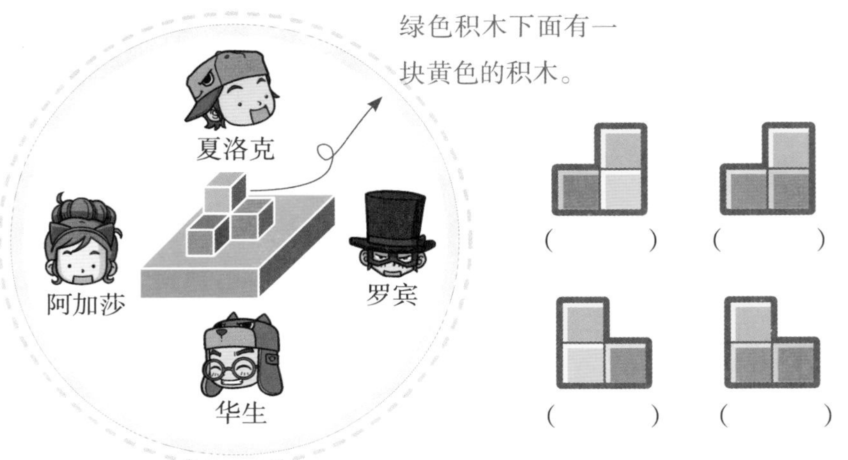

2 下图是夏洛克和朋友们在积木的不同方向拍的照片，在每一个小朋友拍的照片白色方框内填上正确的颜色吧。

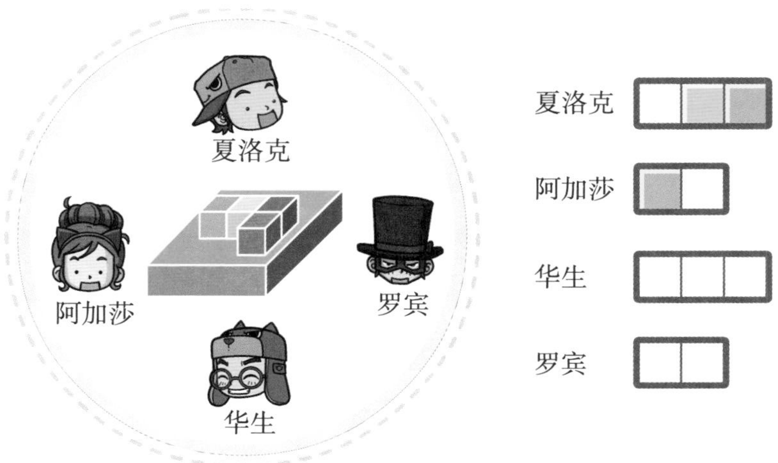

完成2个以上通过测试！

3 夏洛克和朋友们在某建筑物的不同方向观看，并打算把自己看到的样子画下来，请你画下每个人看到的样子并且涂上正确的颜色吧。

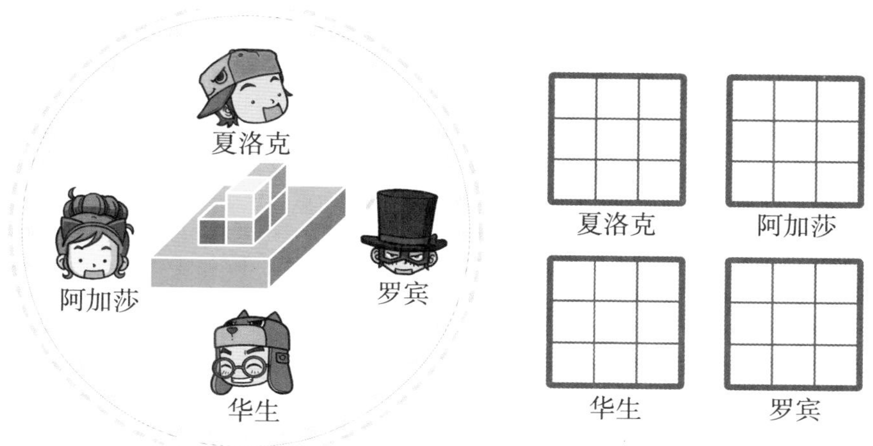

4 夏洛克和朋友们在某建筑物的不同方向观看并把自己看到的样子画了下来，请你为四个人看到的建筑物的样子填上正确的颜色吧。

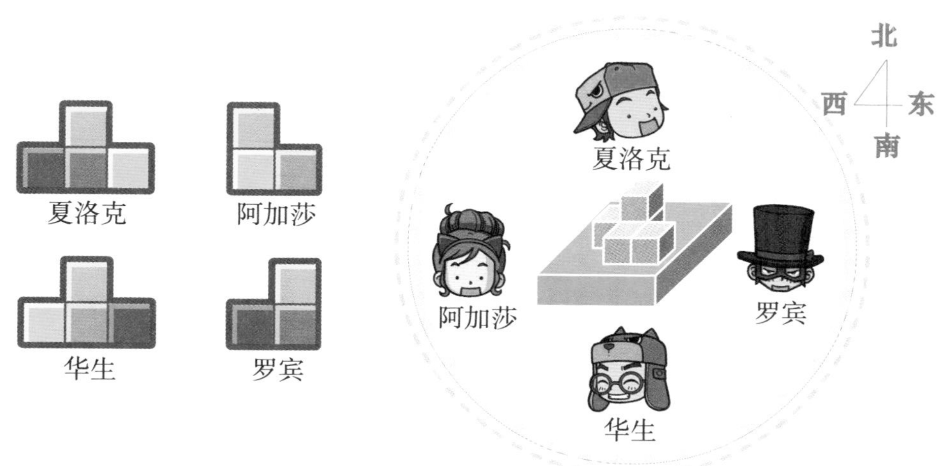

＊进化：事物由简单到复杂，由低级到高级逐渐发展变化。

终于进化为
成虫了！
嗒哒
哇啊！原来你
是蝴蝶啊！
是的，我原来是
大紫蛱蝶的幼虫。

紫蛱蝶的种类
紫蛱蝶
大紫蛱蝶
黄钩蛱蝶
紫闪蛱蝶
黑紫蛱蝶
紫蛱蝶的种类
有这样 5 种。
我在昆虫百科书上看过！
如果自己的领地受到侵犯
的话，不管是鸽子还是山
雀都会赶走的，对吧？

最近因为环境污染，
数量已经严重减少了，
如果见到紫蛱蝶请一
定要为它们加油！
很好！那么从现
在开始你就是宠
物蝴蝶啦！

咳呃呃！再也
忍不了啦。

看招！攻击
的翅膀！
摇晃 摇晃
呃呀呀！宠物蝴
蝶攻击人类了！

喂，蝴蝶的一生到底是怎样的呢？
一生吗？

我们蝴蝶的一生，就是关于寿命的故事！
寿命？

蝴蝶的一生是指卵——幼虫——蛹——成虫，这一系列的过程。
经历从卵里苏醒到成长为成虫，直到死去为止。
那就是一生啊。

从卵孵化出来的幼虫叫作 1 龄幼虫。

然后蜕皮以后成长为 4 ～ 5 龄幼虫时身体会变大。

成长为 5 龄幼虫时，身体里会吐出丝变成蛹。

像这样从幼虫变
为蛹叫作蛹化。
蛹化？

从蛹变为成
虫叫作羽化。

像这样变为成虫后，
大紫蛱蝶大概可以
活 20 天吧。
蝴蝶的寿命期
都这样吗？

蝴蝶的寿命要从幼虫期开
始算起，不过每一种成虫
的寿命则各有不同。
尖钩粉蝶成为蝴蝶时可以
活一年呢，斐豹蛱蝶据说
可以活 3 个月以上。

太棒了，
是蝴蝶！
啪

发怒
什么？
你在干什么？竟然对
寿命已经这么短的蝴
蝶还这样惨无人道！

嘿嘿嘿！你不会以为
我真的抓到它了吧？
哐当
咳啊！

答案与解析

第1讲 练习题 50～51页

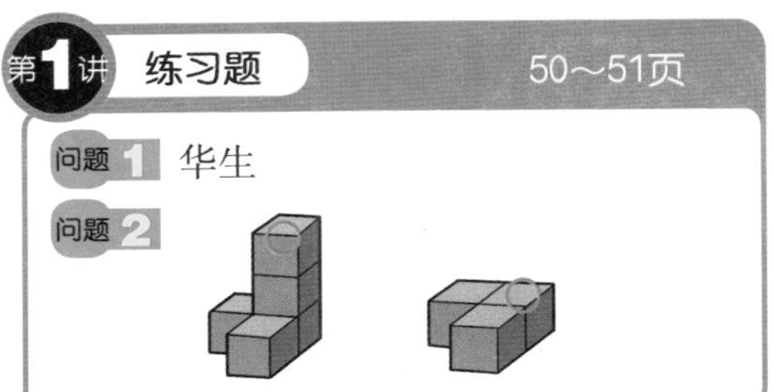

问题1 华生

问题2

解析

1 要与指定的形状堆成一模一样的话，就要仔细观察积木的块数、堆出来的整体形状，以及积木的位置等问题。

2 在夏洛克堆的这个形状中 →按照箭头指示的方向移动一格，即和阿加莎堆出来的形状一样。

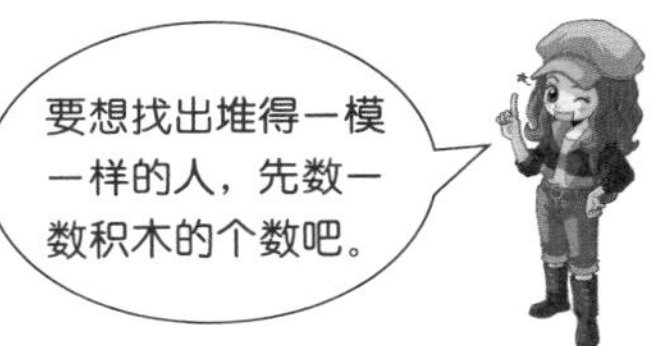

第2讲 练习题 90～91页

问题1 我最棒

问题2 这些形状都是用 4 块积木堆出来的。

问题3 甲

解析

1 夏洛克和我最棒堆的都是 1 层有 4 块，2 层有 2 块的一模一样的形状。

2 积木从 1 层开始堆 3 块，从 2 层起堆 2 块，从 3 层起堆 1 块，这样就可以堆出楼梯的形状。

第3讲 练习题 130～131页

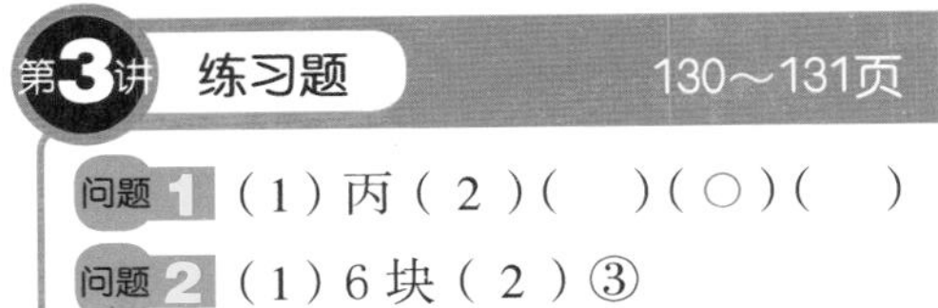

问题1 （1）丙（2）（　）（○）（　）

问题2 （1）6 块（2）③

解析

1 （1）夏洛克正在想的是沙发。

（2）想到沙发的样子。

2 （1）在 1 层有 3 块，2 层有 2 块，3 层有 1 块，所以 3 + 2 + 1 = 6（块）。

（2）①，②，④，⑤都用了 4 块积木，而③用了 3 块积木。

故事数学问答题 132～137页

1 5 块　　2 6 块

3 11 块

4 3 块，2 块，1 块

5 6 块

6 （1）4 块（2）2 块

7 3，1　　8 2 块

9 ①，②　　10 5 块

11 中间，右边

12 2 块　　13 2，1

14 在 1 层堆 4 块，2 层堆 1 块便可堆出床的形状。

15 5 块

16 因为没有数看不见的那块积木。

17 ⑤

解析

1 1 层：4 块，2 层：1 块

⇨ 4 + 1 = 5（块）

2 1层：5块，2层：1块

⇨5＋1＝6（块）

3 左边：5块，右边：6块

⇨5＋6＝11（块）

4，7，11，13，15 略。

5 1层：3块，2层：2块，3层：1块

⇨3＋2＋1＝6（块）

6 （1）1层：3块，2层：1块

⇨3＋1＝4（块）

（2）6－4＝2（块）

8 夏洛克堆的是6块积木，阿加莎手里拿着的纸上的积木是4块，所以6－4＝2（块）。

9 要拿掉2块积木。所以拿走标识着①、②的积木就可以了。

10 左边：1层有3块，2层有2块

⇨3＋2＝5（块）

右边：1层有4块，2层有1块

⇨4＋1＝5（块）

12 2层左边的积木向右边移动，1层离我们最近的积木移到3层，所以最少需要移动2块积木。

14 说明1层和2层各要堆几块积木做成床的样子即可。

16 树精灵堆的形状1层有4块，2层有1块，所以是用4＋1＝5（块）堆出来的形状。

17 ①，②1层：4块，2层：1块

⇨4＋1＝5（块）

③1层有5块

④1层：2块，2层：1块

⇨2＋1＝3（块）

⑤1层：3块，2层：1块

⇨3＋1＝4（块）

把积木的块数按层分好，数完后，再加起来就可以了。

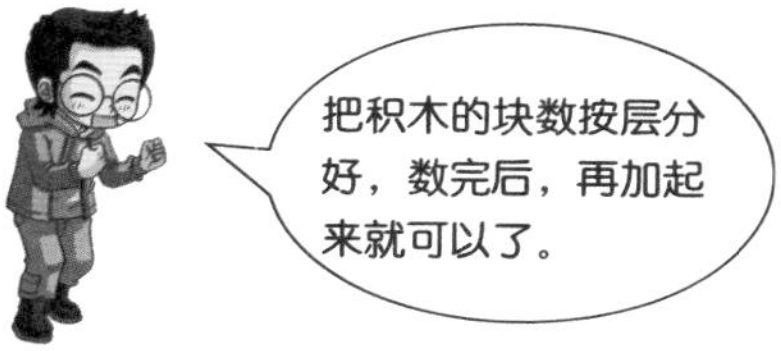

头脑智力王 138～139页

1 夏洛克，罗宾，阿加莎，华生

2

3

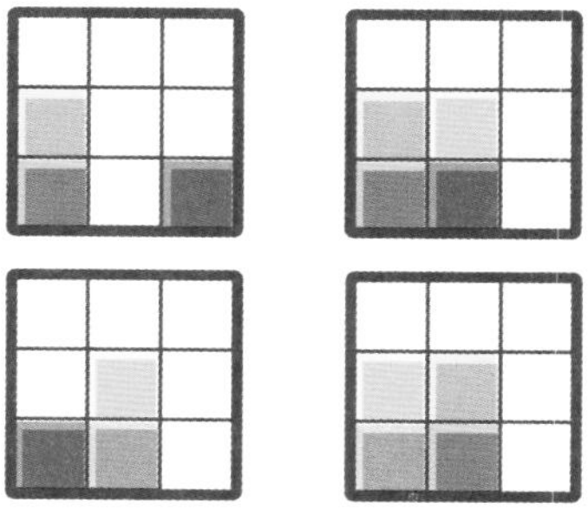

4

答案与解析

解析

1 罗宾看见的是蓝色单独的一边，加上红色在下绿色在上的一边。

阿加莎看见的是黄色在下绿色在上的一边，加上蓝色单独的一边。

华生看见的是蓝色在下绿色在上的一边，加上红色单独的一边。

2 夏洛克能看到蓝色、黄色、绿色这三种颜色。

阿加莎只能看到绿色和红色两种颜色。

华生可以看到绿色、黄色和红色这三种颜色。

罗宾只能看到红色和蓝色两种颜色。

3 夏洛克可以看到绿色和红色上下的一边，加上紫色这一边。

阿加莎可以看到绿色和红色上下的一边，还可以看到黄色和紫色。

华生可以看到紫色的一边，再加上黄色和蓝色上下的一边。

罗宾可以看到黄色和蓝色上下的一边，加上绿色和红色上下的另一边。

4 夏洛克可以看到积木的东方，右边可以看到西方。

阿加莎的左边则可以看到积木的北方，右边可以看到南方。

华生的左边可以看到积木的西方，右边则可以看到东方。

罗宾的左边可以看到积木的南方，右边则可以看到北方。

我最棒透露的小插曲

冒险岛语文奇遇记 读者群：6~12 岁　开本：16 开

- 韩国小学生中人气超高的学习型漫画系列，经久不衰
- 通过漫画内容，让汉字学习更轻松、更有趣、更扎实
- 每本收录 100 多个汉字，由易到难，分册学习，让汉字学习更加系统化
- 通过图画和练习题，轻松理解汉字语义
- 读看写相结合，让孩子能够主动记忆
- 本书采用了汉字自动记忆体系，即五步学习法

第一辑共 5 册
定价：149.00 元

《冒险岛语文奇遇记》融合了幻想、幽默、战斗、友情等元素，带给孩子一场搞怪逗趣的奇幻大冒险！是能够让小学生轻松有趣学习语文知识、识记汉字的学习型漫画。在冒险岛主人公的故事中，自然而然地认知生字。而且，漫画和主人公对话相结合，对汉字进行解释，可以达到更好地学习效果。跟哆哆一起来冒险岛探险吧！

第二辑共 5 册
定价：149.00 元

第三辑共 5 册
定价：149.00 元

第二辑共 5 册
定价：149.00 元

第一辑共 5 册
定价：149.00 元